AF532572

Das Kosmos

Erziehungs—programm für Hunde

NICOLE HOEFS
PETRA FÜHRMANN
IRIS FRANZKE

KOSMOS

☞ *Inhalt*

ZUM GELEIT

Für mich ist dieses Werk der Klassiker zur Hundeerziehung. Petra Führmann, Iris Franzke und Nicole Hoefs verfügen über profunde verhaltensbiologische Kenntnisse, und sie befassen sich in ihrem „Erziehungsprogramm" ganzheitlich mit Hunden, stets unter Berücksichtigung ihrer biologischen Möglichkeiten, bestehender Rassebesonderheiten und der ausgeprägten interindividuellen Variabilität, also der Persönlichkeit eines Tieres. Hunde werden in diesem Buch nie pauschalisierend missverstanden, vielmehr wird durch ein vielfältiges Angebot der Möglichkeiten ihrer jeweiligen Besonderheit und Einzigartigkeit Rechnung gezollt. Ein Hunde verstehen, doppelsinnig gemeint, zieht sich als roter Faden durch das großartige Buch. Die Autorinnen gehen von biologischen Grundlagen aus und bedienen sich der jeweils angezeigten Wege ihrer Anwendung im konkreten Fall, wählen also nachvollziehbar diejenigen Herangehensweisen, die sich für diesen oder jenen Hund und deren Menschen anbieten.
Das „Erziehungsprogramm" verzichtet somit bewusst auf die Methode des Trainings, die schnelle Herangehensweise mit dem programmierten Erfolg. Diese Bescheidenheit fußt auf einem breitgefächerten Wissen und der Erkenntnis, dass Hunde als hochentwickelte Lebewesen immer wieder eigene Herangehensweisen benötigen, um zur Verständigung und zum Einklang mit ihnen zu gelangen.
So entstand ein Buch, das ein wirklicher Ratgeber wurde, eine wahre Fundgrube der Möglichkeiten wie des Möglichen, indem Problemzonen des Zusammenlebens bestimmter Menschen und bestimmter Hunde kritisch hinterfragt werden. Es geht dabei auch um Rassehunde und deren genetische Besonderheiten, denen Rechnung zu tragen ist. Etliche Probleme entstehen ja zwangsläufig, weil Hunde schlicht unterfordert und gelangweilt, alles andere als ausgelastet sind und Motivationen mit genetischer Disposition nun über Bewältigungsstrategien an extrem reizarme Umgebungsbedingungen begegnen. Dabei zeigen sie Verhaltensweisen, die schnell als „Störung" abgestempelt werden. Die Autorinnen gehen auch hier den ganzheitlich analytischen Weg, sie doktern nicht an Symptomen herum, sie sind bemüht, den Genesen von Auffälligkeiten nachzuspüren.
Die Basiserziehung ist begeisternd, da die „Biologie des Hundes" implizit gelehrt wird: Was können Hunde lernen, wie lernen sie, wo gibt es Grenzen und warum ist das so. Den Autorinnen geht es darum, dass verstanden wird, warum in welcher Situation eine bestimmte Vorgehensweise empfohlen wird. Hier wird nie die eigene Meinung der Autorinnen aufoktruiert, sondern in gut verständlichen Ausdrucksformen, didaktisch sehr gelungen, zum Nachdenken angeregt.
Es geht um die Erziehung des Junghundes wie das Bewältigen von Problemen für Menschen und Hunde jedweden Alters. Basis der Erziehung ist die exzellente Darstellung der hundlichen Kommunikation, seines Sozialverhaltens und der Interaktionsformen mit dem Menschen. Es geht um Sozialisation, Beziehung und Bindung im biologisch korrekten Sinne, hier entstehen keine neuen Mythen.
Ich wünsche diesem hervorragenden „Erziehungsprogramm", was es verdient hat: eine ganz ausgeprägte Verbreitung. Denn es wird Gutes stiften und Verwirrungen, die heute ausgeprägt sind aufgrund widersprüchlicher „Wege zum Hund" beseitigen.

Dr. Dorit Urd Feddersen-Petersen
Fachtierärztin für Verhaltenskunde und Tierschutzkunde
Christian-Albrechts-Universität zu Kiel

Folgt man den Definitionen der Humanwissenschaften, ist Erziehung ein Prozess auf gemeinsamer Basis, wobei beide Beteiligten ein gemeinsames Interesse daran haben. Aneinander und miteinander lernen sie, wobei der zu Erziehende in seiner psychischen und sozialen Disposition dauerhaft verändert und damit seine für die Gesellschaft wichtigen Komponenten verbessert werden. Erziehungsnormen und gesellschaftliche Rahmenbedingungen sollen dabei so vermittelt werden, dass der zu Erziehende sie letztendlich freiwillig übernimmt und verinnerlicht.
Insofern ist Erziehung ein sehr viel tiefgehenderer und vor allem kompetenzfordernder und -fördernderer Prozess als reines Gehorsamstraining oder gar Ausbildung eines Hundes zu bestimmten Dienst- oder Freizeitjobs.
Erziehung erfordert auch oft den Verzicht auf eigene, weil evtl gerade nicht gesellschaftstaugliche oder erwünschte Interessen und das Übernehmen von Aufgaben und Verhaltenseigenschaften, die einem derzeit eher unangenehm sind.
Eine gute Erziehung befreit einen aber auch von allzu starren und unflexiblen Zwängen. Der benimmsichere, wohlerzogene Hund weiß, wann sein Mensch „Bock auf Hund" hat, und wird sich im anderen Fall eben zurückhalten und selbst beschäftigen. Dazu gehört aber ein Mensch, der Interesse daran hat, seinem Hund die nötigen sozialen Kompetenzen auch zuzugestehen und ihn dabei zu fördern.
Eine notwendige Voraussetzung für gute Erziehungsarbeit, gerade bei Welpen und jungen Hunden ganz besonders, ist die vorangehende Etablierung einer guten Beziehung. Beziehungen gibt es nicht zum Nulltarif, beide Seiten müssen einander schätzen lernen und dann erkennen, dass sie im Team besser sind als einzeln oder mit anderen vefügbaren Partnern.
Ob und wann daraus dann auch eine emotional unterstützte Bindung wird, liegt wieder an der sozialen Kompetenz der Beteiligten und deren Interessen. Hier kann man bei einem in Mitteleuropa normal aufgewachsenen Haus- und Familienhund schon einmal auf hundlicher Seite von einem großen Interesse ausgehen. Bei einem Tierschutzhund aus dem östlichen Mittelmeerraum oder noch weiter weg dagegen nicht unbedingt!
In der Hundeszene tobt derzeit ein Methodenstreit über den richtigen Umgang und die richtige Wahl der Erziehungs- und Ausbildungshilfen und -praktiken, der selbst unter der Rubrik „Neues aus Absurdistan" nur unzutreffend beschrieben werden kann. Auch und gerade die Genehmigungsbehörden, die leider bisweilen mehr Meinung als Ahnung haben, fallen hier oft durch uniforme Uninformiertheit auf.
Umso wichtiger ist ein Buch wie dieses, in dem zwei erfahrene Trainerinnen ihre, langjährig erfahrungsbasierte und deshalb auch berechtigterweise mit Empirie und Intuition untermauerte Sicht vorlegen. Auch dies ist nicht der einzig denkbare Weg, aber sicher einer der erfolgversprechenden Wege zum gut erzogenen Hund.
Möge das Buch vielleicht nicht nur den Hundehalter/innen und Trainer/innen, sondern gerade auch den Behördenverteter/innen helfen, das Vorgehen im Umgang mit Hunden besser zu verstehen und umzusetzen!

Udo Gansloßer
Priv. Doz. Dr. Dr. habil Udo Gansloßer
Zoologisches Institut & Museum Universität Greifswald
Institut für Spezielle Zoologie & Evolutionsbiologie, Universität Jena

GRUNDLAGEN
— der Erziehung

MÖGLICHKEITEN UND GRENZEN DER ERZIEHUNG

WAS MUSS DER MENSCH LERNEN?

Richtig gelesen – auch wenn es sich hier um ein Hundeerziehungsbuch handelt. Eine Erkenntnis, die früher oder später jeder hat: „Ich muss ja mehr lernen als der Hund!“ Wer sich dieser Erkenntnis im Übrigen verweigert und alles auf den Hund schiebt, wird nie zu einer zufriedenstellenden Beziehung mit seinem Hund gelangen und bestenfalls Kadavergehorsam ernten.
Aber keine Sorge, Hundeverhalten und -erziehung kann man lernen – es ist gar nicht so schwer. Wichtig ist das Verständnis für das Lebewesen Hund – es ist nun mal kein kleiner bepelzter Mensch (auch nicht auf Kinderniveau), sondern eben ein Hund – mit seinen eigenen Lernmöglichkeiten und seinem eigenen Verständnis davon, wie Beziehungen und Leben funktionieren. Danach muss sich der Mensch richten.
Führungsqualitäten werden von Hunden sehr geschätzt, doch wie entwickelt man an diese? Auch dies wird ein Thema in diesem Buch sein. Konsequenz: Wann ist sie notwendig, unerlässlich oder gar zu vernachlässigen?
Werden Sie ein guter Hundetrainer – das Handwerk dazu zeigen wir Ihnen!

WAS HUNDE LERNEN KÖNNEN

Was kann man von seinem Hund im Rahmen der Familienhundeerziehung erwarten und was nicht? Wo sind die Grenzen, wie muss man sich verhalten, was darf getadelt werden, was nicht? Wir erleben in unserem Unterricht immer wieder Fälle, in denen Besitzer von ihren Hunden vollkommen unrealistische Dinge erwarten und enttäuscht sind, wenn sich ihre Erwartungen nicht erfüllen. Genauso passiert es, dass Menschen ihre Hunde schlicht und ergreifend für zu dumm halten, um gewisse Erziehungsübungen zu verstehen und dahinter eigene Unwissenheit oder Inkonsequenz verstecken. Als kleines Beispiel sei der allgemein übliche Umgang mit Welpen angeführt.

ERZIEHUNG BEGINNT AM ERSTEN TAG

Während der Mensch oft der Meinung ist, ein Welpe sei noch zu jung, zu klein, zu dumm, um erzogen zu werden, reagiert er enttäuscht und ärgerlich, wenn sein Welpe nach einigen Wochen noch nicht zuverlässig stubenrein ist. Ist der Hund zuverlässig sauber, wird dies hingegen entweder als Selbstverständlichkeit betrachtet, die es nicht weiter zu erwähnen lohnt, oder als eine Leistung gesehen, auf die man (zu Recht) stolz ist. Was passiert eigentlich, während man sich um die Stubenreinheit des jungen Hundes bemüht? Richtig, man erzieht ihn.

Verschiedene Rassen – verschiedene Bedürfnisse und Eigenschaften

Im Welpenalter das Allerwichtigste: Sozialisation und Gewöhnung an Umweltreize …

… spielerischer Umgang mit Artgenossen …

… Grenzen ausloten …

Haben Sie sich schon einmal klargemacht, auf welch hoher Abstraktionsebene diese Erziehung für den Hund abläuft? Es ist keineswegs selbstverständlich, dass der Welpe oder der junge Hund begreift, dass er den Gummibaum in Ihrem Wohnzimmer nicht, den Johannisbeerstrauch im Garten hingegen durchaus anpinkeln darf.
Ein Wesen, das imstande ist, Erziehung auf so hohem Abstraktionsniveau anzunehmen, soll (noch) zu dumm sein, zu lernen, dass es auf Zuruf kommen soll? Die Antwort auf diese rhetorische Frage liegt auf der Hand.
Sämtliche Erziehungsübungen, wie sie in diesem Besuch beschrieben sind, sind verstandesmäßig eine leichte Sache für den Hund. Er versteht schnell, dass er sich beim Hörzeichen „Platz" hinlegen soll, und auch, bei entsprechender Konsequenz und Übung, dass nur Sie diese Übung wieder beenden. Dieses Beispiel lässt sich auf alle anderen Übungen übertragen.

WÜNSCHE UND VORSTELLUNGEN

Hunde sind unglaublich anpassungsfähige Lebewesen, die sich leicht an den Tagesablauf und die Gewohnheiten eines Menschen anpassen. Unrealistisch ist jedoch, zu erwarten:

— dass sie jegliche Übung nur ein paar Mal trainieren müssen, damit der Hund sie zuverlässig ausführt,
— dass der Hund aus Einsicht ein bestimmtes Verhalten zeigt,
— dass der Hund brav auf dem uneingezäunten Grundstück bleibt,
— dass der Hund seine Rassebeschreibung gelesen hat,
— dass ein halbes Stündchen spazieren gehen am Tag den Hund glücklich und zufrieden macht,
— dass der Hund auch ohne Erziehung eines Tages (nach der Pubertät beispielsweise) ganz brav und ruhig wird.

... Dazu gehört auch Toben und Spaß haben.

ERZIEHUNG IST INTERAKTION

Erziehung wird durch Interaktion bestimmt, also durch jemanden, der a) agiert und b) reagiert. Hierzu ist eines erforderlich, nämlich die Anwesenheit von a) und b). Das heißt, sollten Sie abwesend sein, müssen Sie entsprechende Vorsichtsmaßnahmen ergreifen, damit der Hund niemanden belästigt, nichts anstellt, aber auch niemand ihn ärgern oder verstören kann (z. B. vorbeilaufende Kinder). Hundeerziehung ist genau wie Freundschaft eines der wenigen Dinge, die man heutzutage nicht kaufen kann. Sie können sich zwar das Knowhow mittels eines Buches oder eines Hundetrainers kaufen, tätig werden müssen Sie selbst – eine bequeme, schnelle oder leichte Abkürzung gibt es nicht. Sehen Sie es als einmalige Chance, zusammen mit Ihrem Hund zu lernen und seine Hundewelt zu entdecken.

MANGELNDE BINDUNG

Zur Verdeutlichung ein Fallbeispiel: Vor einiger Zeit klagte ein Kunde darüber, dass sein Hund immer weglaufe und dann durch den ganzen Ort streune. Dies sei sein Hauptproblem, ansonsten komme er ganz gut mit dem Hund klar, und außer dieser Streunerei gebe es seiner Ansicht nach auch nichts Behebenswertes im Verhalten des Tieres. Im weiteren Verlauf des Gespräches stellte sich heraus, dass der Hund die meiste Zeit des Tages allein auf dem Grundstück des Kunden verbrachte. Nachts war er im Vorbau des Hauses untergebracht. Das Grundstück war nur unzureichend eingezäunt. Hierzu ist Folgendes zu sagen: Aufgrund der isolierten Haltung verfügte dieser Hund über eine vollkommen unzureichende Bindung an seine Familie. Der Garten – obwohl groß und schön – langweilte das temperamentvolle Tier, das mit den Reizangeboten hier vollkommen unterfordert war und sich entsprechende Kompensation außerhalb suchen wollte.
Erziehung ist in einem solchen Fall nicht möglich, bestenfalls mit entsprechender Zwangseinwirkung. Der Kunde hätte besser daran getan, die Unterrichtsgebühr in einen passenden Zaun zu investieren. Was in diesem Fall auf der Strecke bleibt, ist das Tier, dem so die Möglichkeit der Kompensation genommen wird, die der Besitzer nicht bereit war, durch eine entsprechende Haltungsänderung zu gewähren. Von der Gefährlichkeit solcherart gehaltener Hunde, die unter der Reizarmut ihrer Umgebung leiden, haben wir alle schon zur Genüge in der Zeitung gelesen.
Mangelnde Bindung kann übrigens auch durch das Gegenteil des obigen Beispieles entstehen: durch unablässige Aufmerksamkeit seitens des Besitzers! Dem Hund wird quasi jeder Wunsch von den Augen abgelesen, nie muss er etwas tun oder erdulden, was er gerade nicht möchte etc. Dieser mittlerweile gar nicht mehr so seltene Umgang mit dem Hund führt zu kronprinzartigen Hoheiten, die „ihre" Menschen bestenfalls als Personal betrachten; als Bindungspartner, mit denen man gerne zusammen etwas unternimmt, sicher nicht. Interessanterweise können beide Extreme die gleichen Ergebnisse beim Hund hervorrufen: Von schlichtem Ungehorsam bis hin zu ernsthaften Verhaltensproblemen.

AUSSENREIZE UND BESCHÄFTIGUNG

Auch wenn es nicht unbedingt in dieses Kapitel gehört, sei doch darauf hingewiesen, dass kein noch so schöner Garten, Zwinger oder eine Hundehütte die Beschäftigung des Menschen mit dem Hund und den Spaziergang mit ihm ersetzen kann. Viele Erziehungsprobleme würden sich von selbst erledigen, wenn die Besitzer den Bedürfnissen ihres Tieres nach sinnvoller Beschäftigung sorgfältiger Rechnung tragen würden. Manche Verhaltensstörungen und Erziehungsprobleme haben ihre Ursache darin, dass der Hund sich schlicht und ergreifend langweilt, da er seinen „ach so schönen Garten" auswendig kennt und auch den Spazierweg um die Ecke. Überlegen Sie einmal, welche Wirkung es auf Sie hätte, wenn Sie jahrein, jahraus immer nur dasselbe sehen, riechen und wahrnehmen müssten. Häufig wird von eifrigen Hundebesitzern der Beschäftigungspart übertrieben (mancher Hund hat einen vollen Terminkalender) und das Bedürfnis nach Bewegung und Schnüffeln nur unzureichend erfüllt.

Der abwartende Blick auf die Bezugsperson – was machen wir als nächstes?

Ein weiteres Beispiel: Sie können ebenfalls nicht erwarten, dass Ihr Hund Einsicht in die Erfordernisse des Straßenverkehrs erlangt. Selbst Hunde, die schon Zusammenstöße mit Autos hatten, haben ihr „unvernünftiges" Verhalten, bei Verkehr über die Straße zu laufen, nicht geändert. Dahingegen können Sie Ihrem Hund bei entsprechendem Üben beibringen, den Gehwegrand zu akzeptieren und nur auf Aufforderung über die Bordsteinkante zu treten. Dies setzt aber voraus, dass Sie Ihren Hund für eine lange Zeit kontrollieren, immer wieder an der Kante anhalten lassen (mit Leine!) und erst mit einem entsprechenden Hörzeichen (hier können Sie „Lauf" verwenden) weitergehen lassen. Genauso wenig sinnvoll ist jedoch auch die Überbeschäftigung: Hunde, die nie zur Ruhe kommen und ihre notwendigen Schlafphasen nicht einhalten können, sind schnell überdreht und nervös. Schnell ist dann die Diagnose „unausgelastet" gestellt und der Hund wird noch mehr in die Hektik gezwungen. Wie immer ist auch hier der goldene Mittelweg das Beste.

Okay, lass uns tanzen!

WIE VIELE HÖRZEICHEN KANN EIN HUND LERNEN?

Untersuchungen haben ergeben, dass ein durchschnittlich begabter Hund etwa 40 Hörzeichen erlernen und zuverlässig unterscheiden kann. Die Basiserziehung mit „Sitz", „Platz", „Fuß", „Komm" und „Lauf" etc. stellt also wirklich nur eine Minimalanforderung dar.

DIE BASISERZIEHUNG

DIE PFEILER DER BASISERZIEHUNG

Die Basiserziehung umfasst im Wesentlichen die folgenden vier Punkte:

- **Ausbildung: Grundbegriffe wie „Komm", „Sitz", „Platz", Leinenführigkeit usw.**
- **Erziehung im Alltag: Frustrationstoleranz, Impulskontrolle, Benehmen im Haus und in der Öffentlichkeit**
- **Beschäftigung/Auslastung/Spazierengehen**
- **Orientierung und Führung bieten: Leadership**

KEIN GENTLEMAN'S AGREEMENT

„Ein bisschen Gehorsam" gibt es bei Hunden nicht. Entweder hat Ihr Hund gelernt, was von ihm erwartet wird, oder nicht. „Gelernt" bedeutet in diesem Fall: ganz konkret für die jeweilige Situation. Wenn der Hund beispielsweise „Sitz" im Wohnzimmer beherrscht, bedeutet dies noch lange nicht, dass das auch auf der Straße klappt – das muss erst trainiert werden.
Ein „Gentleman's Agreement" können Sie mit einem Hund nicht schließen. Viele Leute kommen mit dem Ansinnen „Der Hund soll ja nur kommen, wenn ich ihn rufe" zu uns. Leider stellt dieses „nur" einen der anspruchsvollsten Aspekte der Hundeerziehung dar und ist in der Regel nur unter Beachtung aller Punkte der Basiserziehung zu erreichen. Alle Pfeiler stehen gleichberechtigt nebeneinander. Denken Sie nicht: „Im Haus ist mein Hund der bravste der Welt, ich übe nur das Kommen!" Gerade der Umgang im Alltag entscheidet oft über den Erfolg der Erziehung.

FÜHRUNGSQUALITÄTEN

Das moderne Leadership Bemühen Sie sich, alle Punkte dieses Buches zu beachten. Denken Sie nicht, nur der Hund müsse lernen. Das meiste müssen Sie lernen, Ihren gesamten Umgang mit dem Hund überdenken und neu gestalten. Das kann sehr mühsam und anstrengend sein. Aber es lohnt sich! Sie werden eine völlig neue Beziehung zu Ihrem Hund eingehen. Eine Beziehung, die für beide Seiten lohnend und befriedigend ist. Ihr Hund wird Sie mit ganz anderen Augen betrachten: als jemanden, der fähig ist, die Richtung vorzugeben.
Es fällt Ihnen schwer, die viel beschworene Führungsqualität zu zeigen? Trainieren Sie mehr! Viele Probleme lösen sich durch ausreichendes Üben – auch wenn Sie eher zu den nachgiebigen Menschen gehören. Erhöhen Sie die Trainingseinheiten (lieber mehr und kurz, als wenig und lang trainieren) und die Belohnungsmenge dabei. Dazu später mehr.
Diese Basiserziehung stellt keine Korrekturerziehung für Verhaltensprobleme dar. Hierfür ist auf jeden Fall ein individuelles Therapieprogramm notwendig.

WAS SIE VON IHREM HUND ERWARTEN KÖNNEN

- Die zuverlässige Ausführung dessen, was Sie dem Hund durch Ihre täglichen Wiederholungen und Ihre Konsequenz im täglichen Umgang beibringen.
- Eine intensivere Bindung und erhöhte Kooperationsbereitschaft des Tieres, sofern Sie sich durch angemessene Beschäftigung einbringen und für den Hund interessant werden.
- Darüber hinaus, dass Ihr Vierbeiner sich nach Ihren Vorstellungen von freier Zeiteinteilung richtet, sofern Sie das Kapitel „Orientierung und Führung bieten" verinnerlichen, was gleichzeitig von unschätzbarem Wert bei der Erziehungsbereitschaft des Tieres ist.

Das alles gehört zur Basiserziehung: Kommen üben mit der Schleppleine, ...

... Leinenführigkeit und sich am Menschen orientieren, ...

... Blickkontakt aufnehmen und halten.

ERZIEHUNGSMETHODE UND HILFSMITTEL

GRUNDSÄTZE

Obwohl es schon fast eine Binsenweisheit ist, möchten wir an dieser Stelle darauf hinweisen, dass Hunde natürlich nicht in der Lage sind, den Inhalt der menschlichen Rede zu verstehen. Hunde lernen, Ton und Stimmung des Menschen zu interpretieren und mit bestimmten Situationen bzw. Anforderungen zu verknüpfen. Zu Beginn müssen Sie also lernen, Stimme und Körpersprache richtig einzusetzen, und sich außerdem eine eindeutige, einfache Sprache angewöhnen.

EINFACHE HÖRZEICHEN

Sprechen Sie mit Ihrem Hund einfach und verständlich. Das heißt, z. B. bezogen auf das Hörzeichen „Platz", dass hier auch wirklich nur dieses eine Wort verwendet wird. Erzählen Sie dem Hund bitte keinen Roman in Form von „Ich hab

VORSICHT, FALLE!

Selbstverständlich ist es kein Problem, den Namen des Hundes voranzustellen, z. B. „Bello, Platz". Dies ist sogar notwendig, wenn Sie mehrere Hunde haben. Besitzen Sie „nur" einen Hund, könnte man sich den Namen natürlich sparen, aber vielen Menschen rutscht er mit heraus. Immer gleich angewandt, ist dies auch nicht hinderlich.
Aber es gibt eine beliebte Falle, in die besonders Hundeanfänger gerne hineintappen – die Fragezeichenfalle! Ein Hörzeichen hört sich dann beispielsweise so an:
„Bellooooo??? ... (Pause) ... Platz?"
Leider muss man davon ausgehen, dass der Hund das Fragezeichen „mithört", also genau merkt, dass Sie sich der Sache nicht sicher sind. Also: Entweder nur „Platz" oder „Belloplatz" (in einem Wort), dann sind Sie auf der sicheren Seite.

dir doch jetzt schon dreimal gesagt, du sollst Platz machen" oder etwa „Los, jetzt mach mal schön Platz, aber sofort". Der Hund ist in dieser Phase der Erziehung damit völlig überfordert. Eine einfache Sprache ist das Mittel der Wahl: „Platz", „Sitz", „Fuß", „Aus", „Nein". Mehr brauchen Sie nicht, wenn Sie ein Hörzeichen geben wollen. Selbstverständlich wird für jede Übung nur ein Wort verwendet, z. B. „Platz" für das Hinlegen. Vielleicht haben Sie ja schon Hundebesitzer getroffen, die aber genau das nicht beherzigen, sondern in ganzen Sätzen mit ihrem Hund reden: Möglich ist das schon, dann lernt der Hund einfach die Wortfolge als Hörzeichen. Aber gerade als Hundeanfänger sollten Sie es für sich und Ihren Hund so einfach wie möglich gestalten. Nach einigen Jahren des Zusammenlebens werden Sie merken, dass die Verständigung mit Ihrem Hund immer einfacher wird und Ihr Hund tatsächlich ganze Sätze „versteht".

LOB UND KORREKTUR

Für Loben und Korrigieren ist vor allem eines wichtig: Der Hund muss die Möglichkeit haben, sein Verhalten mit dem Ihren zu verknüpfen. Dies kann er aber nur, wenn beides entweder gleichzeitig oder mit einer maximalen Verzögerung von zwei Sekunden stattfindet. Strafe, also eine negative Einwirkung nach dem Verhalten, ist sinnlos (weil der Hund sie nicht versteht) und damit tierschutzrelevant – sie sollte in der Hundeerziehung nichts mehr zu suchen haben.

WAS WANN ANGEMESSEN IST

Korrektur, Strafe, Fehlverhalten ignorieren

Prinzipiell ist es angemessener, bei einem Fehlverhalten, das unterbunden werden soll, von Korrektur und nicht von Strafe zu sprechen. Es geht in der modernen Erziehung darum, durch Korrektur eine Verhaltensänderung zu erreichen. Der Begriff „Strafe" gehört in den Bereich der sogenannten „schwarzen Pädagogik" des 19. Jahrhunderts und enthält eine moralische Implikation, die als Maßstab für den Umgang mit Tieren unangemessen ist. Die Stärke der Korrektur muss am individuellen Tier festgemacht werden. Bei dem einen Hund reicht ein entschiedener, scharfer Ton, bei einem anderen ist ein Schnauzgriff nötig. Ist der Hund nach der Korrektur über einen längeren Zeitraum völlig eingeschüchtert, so war die Korrekturmaßnahme für ihn zu stark. Setzt er die Handlung, die es mit der Korrektur abzubrechen galt, direkt wieder fort, war die Korrektur für dieses spezielle Tier zu sanft.

Bei der Entscheidung, wann es sinnvoll ist, Fehlverhalten zu korrigieren und wann man dieses besser ignoriert, sollte man sich die direkten Folgen des unerwünschten Verhaltens vor Augen führen. Sind diese negativ, sollte i. d. R. eine Korrektur erfolgen.

Aufmerksamkeit herstellen.

Die Übung beginnt.

Die richtige Ausführung wird bestätigt.

Hier einige Beispiele:

— Der Hund kaut am Teppich, die Folge: Dieser ist kaputt.
— Der Hund jagt, die Folge: Gefährdung für Leib und Leben – für sich und Tiere sowie Menschen.
— Der Hund erobert unerlaubt das Sofa, die Folge: Er hält sich eventuell für privilegiert, was die Erziehung erschweren kann.

Insgesamt kann man sagen, dass es keinen Sinn hat, selbstbelohnendes Verhalten zu ignorieren. Ignorieren von unerwünschtem Verhalten ist vor allem dann sinnvoll, wenn dadurch nichts und niemand Schaden nimmt (nicht der Hund, nicht die Wohnungseinrichtung, nicht die Umgebung, auch nicht der Erziehungsstand des Hundes).

Ein Beispiel: Der Hund stiehlt regelmäßig Altpapier und zerfetzt es in der Wohnung. Hier wäre Ignorieren absolut sinnlos, da der Hund ja seinen Spaß mit dem Papier hat und sich damit selbst belohnt.
Damit eine Korrektur sinnvoll ist, muss der individuelle Hundetyp beachtet werden. Ein sehr sanfter Hund beispielsweise ist schon von einem streng gesprochenen Wort beeindruckt, der oben beschriebene Typ sicher nicht.
Eine Möglichkeit wäre hier, den Papiermülleimer zu tabusieren, d. h. der Hund darf diesen Bereich nicht mehr betreten. Praktisch ist hier während der Lernphase der Einsatz einer Hausleine, d. h. eine dünne Schnur, die der Hund im Haus ständig trägt. Will er sich nun dem Papierkorb nähern, wird er mit eindeutiger Körperhaltung weggeschickt und evtl. auch weggeführt, falls dies nicht ausreicht. Die Hausleine hilft, dass man nicht nach dem Hund greifen muss, sondern ihn schnell und souverän aus der Situation führen kann.

STRENGE DER KORREKTUR

Stellen Sie sich eine Skala von 1 bis 10 vor. Einen sensiblen Hund stufen wir beispielsweise auf Stufe 1 oder 2 ein. Hier reicht es völlig, ihn mit neutraler Stimme wegzuschicken. Ein etwas höher anzusetzender Hund braucht vielleicht eine strengere Stimme und energische Körpersprache. Handelt es sich gar um einen 8er- oder 9er-Typ,

Befolgt der Hund das Wegschicken nicht, ...

muss man schon eine drohende Stimme und Körpersprache einsetzen, ihn z. B. vom Papierkorb „wegjagen“. Wichtig: Eine sinnvolle Korrektur beeindruckt, verängstigt aber nicht.
Wenn Ihr Hund beispielsweise ein 4er-Typ ist, wäre es falsch, ihn immer auf einer Stufe 1 oder 2 zu korrigieren. In diesem Fall würde er nichts lernen, da es ihm einfach egal ist. Wird er hingegen eher mit einer 6 oder 7 korrigiert, bekommt er Angst und verliert sein Vertrauen in sie.
Der Hund auf den Fotos auf Seite 21 beispielsweise ist ein 5er-Typ und wird beim Papierzerreißen auf frischer Tat ertappt. Nur dann ist eine Korrektur möglich! Die Hundehalterin tadelt mit strenger Stimme und leicht drohender (vornüber gebeugter) Körperhaltung, der Hund ist angemessen beeindruckt.
Übrigens: Korrigieren dürfen Sie nur, wenn der Hund auch weiß, worum es geht. In unserem Beispiel also, wenn Sie den Hund schon mehrfach vom Papiermüll weggeschickt haben.
Völlig unangebracht sind Korrekturen bei Gehorsamsübungen wie „Komm“, „Sitz“, „Platz“ etc. in der Lernphase oder bei Übungen, die dem Hund

... *kann man mit der Hausleine nachhelfen.*

völlig neu sind. Konnte der Hund bisher beispielsweise immer munter Vögeln oder Hasen hinterherrennen, ohne dass Sie dies stoppen konnten, darf die notwendige Umerziehung keinesfalls mit einer Korrektur starten – der Hund weiß noch gar nicht, dass er das nun nicht mehr darf!
Die Basiserziehung stellt geringe Anforderungen an die Intelligenz Ihres Hundes. Eine Erziehung auf hohem Intelligenzniveau ist beispielsweise eine Blinden- oder Behindertenhundeausbildung, bei der ein Hund unter anderem lernt, seinem Besitzer einen leeren Stuhl in der Gaststätte zu suchen. Bezogen auf Ihre Erziehungssituation bedeutet dies, dass der Hund, nachdem man ihm mehrfach gezeigt hat, was sich hinter bestimmten Hörzeichen wie „Sitz“, „Platz“ etc. verbirgt, dies prinzipiell begriffen hat. Ob man eine zuverlässige Ausführung erwarten kann, hängt von mehreren zu beachtenden Faktoren ab: Es wurde auf allen Schwierigkeitsstufen geübt, und zwar in Abhängigkeit von der Konzentrationsfähigkeit des Hundes (insbesondere beim jungen Tier wichtig). Die Ablenkung

Damit der Hund weiß, was mit der Korrektur gemeint ist, ...

... *darf sie nur im Moment des unerwünschten Verhaltens erfolgen (+ 2 Sekunden).*

Die Aufmerksamkeit ist ganz beim Menschen.

Wenn die Bindung gut und der Mensch „interessant" ist, …

wurde hierbei schrittweise und ausreichend gesteigert. Der Mensch bringt dem Hund im Alltag eine prinzipiell konsequente Haltung entgegen und hat selbst ein hohes Interesse an der Aufrechterhaltung derselben, was sich durch Stimmungsübertragung im Verhalten des Hundes niederschlagen wird. Sie werden sehen: Ihr Hund schätzt menschliche Konsequenz und quittiert diese mit dem Verhalten, das Sie sich von ihm wünschen. Konsequent sein heißt zum einen, nur das zu verlangen, was man durchsetzen kann und will, und zum anderen die tägliche Anwendung des Gelernten in allen Lebenslagen.

Bitte bedenken Sie auch einmal Ihren bisherigen Umgang mit dem Hund. Wie oft haben Sie in der Vergangenheit irgendwelche Hörzeichen gegeben, ohne dass diese befolgt wurden? Wie oft haben Sie schon „Sitz" oder „Platz" verlangt, ohne darauf zu achten, ob der Hund eine Reaktion zeigt? Sicher können Sie sich jetzt schon eine vage Vorstellung davon machen, welchen Eindruck dieses Verhalten bei Ihrem Hund hinterlassen hat. Ändern Sie dies sofort! Geben Sie nur dann Hörzeichen, wenn Sie durch entsprechendes Üben in ähnlichen Situationen erfolgreich waren. Genauso wichtig: Achten Sie auf Ihre eigene Befindlichkeit. Haben Sie keine Zeit, keine Lust oder ist es Ihnen gerade peinlich, den Hund zu korrigieren, so verlangen Sie erst gar nichts von ihm. Er lernt sonst lediglich, dass er das, was Sie da so von sich geben, getrost ignorieren kann.

Ein Beispiel Sie gehen zum Bäcker und binden Ihren Hund vor dem Laden an. Wenn Sie jetzt „Sitz" oder „Platz" fordern, müssen Sie theoretisch jedes Mal, wenn der Hund diese Position verlässt, hinausstürzen und ihn entsprechend korrigieren. Schließlich soll er ja lernen, dass er diese

… ist die Aufmerksamkeit auch im Freilauf gleich wieder da.

Hörzeichen nicht nach eigenem Gutdünken aufheben kann. Wenn Sie die Nerven und die Zeit mitbringen, jedes Mal den Laden zu verlassen und Ihren Hund zu korrigieren, umso besser. Ist dies jedoch nicht der Fall – vielleicht sehen Sie Ihren Hund ja auch gar nicht vom Laden aus –, dann geben Sie ihm lieber erst gar kein Hörzeichen. Bei selbstbelohnendem Verhalten müssen Sie jedoch unbedingt einschreiten, sonst wird das Verhalten immer öfter auftreten.

SELBSTBELOHNENDES VERHALTEN

Von selbstbelohnendem Verhalten spricht man dann, wenn der Hund bei einer bestimmten Handlung keine spezielle Belohnung des Menschen benötigt, um diese Handlung als lustvoll und somit als erstrebenswert zu betrachten. Die Handlung selbst bereitet dem Hund bereits Lust und/oder Befriedigung. Hierzu zählen z. B. Frustabbau oder Vermeiden von Langeweile beim Zerkauen eines Teppichs, das Spielen mit Artgenossen, das Verfolgen von Joggern, Wild etc.

GEHORCHEN ALS GEWOHNHEIT

Gehorchen kann zur Gewohnheit werden, wenn etwas nur oft genug verlangt wird. Ein Hund, der einmal in der Woche „Sitz“ oder „Platz“ befolgen soll, wird sich unter Umständen überlegen, ob er folgt oder nicht. Ein Hund, der ein Hörzeichen hingegen zehnmal oder noch besser zwanzigmal am Tag befolgt, reagiert bald automatisch, ohne darüber nachzudenken.

STIMMUNGSÜBERTRAGUNG, LOB UND LECKERCHEN

STIMMUNGS-ÜBERTRAGUNG

Hunde sind sehr gute Beobachter und reagieren sehr stark auf Stimmungen. Sicher haben Sie schon erlebt (oder werden es erleben), dass Ihr Hund Sie „trösten“ kommt, wenn Sie in gedrückter oder trauriger Stimmung sind. Dieses „Mitfühlen“ kann man sich in der Erziehung zunutze machen. Versuchen Sie, in Ihrem Lob und Ihrer Korrektur deutlich zu sein. Insbesondere beim Lob können Sie mit richtig angewandter Stimmungsübertragung sehr viel erreichen.

Versuchen Sie einmal Folgendes: Rufen Sie Ihren Hund mit sehr hoher, freudiger Stimme: „Ja, komm, ja, ja, ja, wo ist er denn, ja, komm, ja, ja, ja!“ Alles so hoch und exaltiert wie möglich, eventuell mehrmals hintereinander. Aber auch mit tiefer Stimmlage wird es vom Hund so empfunden, wenn Sie es so meinen. Zugegebenermaßen sieht es geschrieben reichlich albern aus und es hört sich auch genauso ungewohnt an. Richtig angewandt werden Sie aber einen durchschlagenden Erfolg erzielen: Wo so viel Spaß ist, will Ihr Hund auch hin, nämlich zu Ihnen. Eine freudige Begrüßung Ihrerseits darf natürlich nicht fehlen!

ÜBUNGEN IN DEN ALLTAG ÜBERTRAGEN

Hunde begreifen einfache Hörzeichen wie „Sitz“, „Platz“, „Komm“ sehr schnell. Das heißt aber nicht, dass man dieses Begreifen schon mit einer zuverlässigen und prompten Befolgung gleichsetzen darf. Um dieses hohe Ziel zu erreichen, hilft nur eine langsame, aber stetige Übertragung aller Übungen in das tägliche Alltagsleben von Mensch und Hund. Was in der Einführungsphase von Hörzeichen noch seine Berechtigung hat, nämlich das ausschließliche Üben in künstlichen Trainingssituationen, muss spätestens in der Festigungs- und Sicherungsphase in alle erdenklichen Alltagssituationen übergehen und den ausschließlichen Charakter von „zweimal 15 Minuten am Tag“ verlieren. Nur dann kann aus Übung tatsächliche Erziehung werden. Viele Hundebesitzer, die über den Erziehungsstand ihrer Vierbeiner unglücklich sind, haben diese Übertragung, die eine lebenslange sein muss, noch nicht vollzogen. Hunde lernen zunächst ortsgebunden.

Ein Beispiel: Ihr Hund lernt das Hörzeichen „Platz“ zunächst in der ablenkungsfreien Umgebung Ihres Gartens. Eine zuverlässige Ausübung in der Fußgängerzone kann jetzt noch nicht erwartet werden.

„Sitz" am belebten Straßenrand ist für den Hund viel schwieriger, als zu Hause vor dem Sofa. Dafür gibt es ein dickes Lob.

LOB

SO LOBEN SIE RICHTIG

Gelobt wird immer direkt im Anschluss oder während einer erfolgreich absolvierten Übung. Also sofort, wenn der Hund beispielsweise das von Ihnen verlangte „Platz" durchgeführt hat.

Die Zwei-Sekunden-Regel Sie werden in unserem Buch noch häufig darauf stoßen: die Zwei-Sekunden-Regel! Um beim Hund eine Verknüpfung zu gewährleisten, ist eine buchstäblich sekundenschnelle Reaktion unabdingbar. Das bedeutet, dass Sie sich mit Ihrem Lob in der genannten Zeitspanne bewegen müssen. Ein Lob, das zu spät erfolgt, z. B. wenn bereits einige Sekunden verstrichen sind, wird von dem Hund nicht mehr mit der Übung in Verbindung gebracht.

Der Einsatz der Stimme Auch beim Loben ist es wichtig, die Stimme entsprechend einzusetzen. Mit einem „So war's brav" in Ihrer Alltagstonlage ist es nicht getan. Dem Hund muss über Ihre Stimme vermittelt werden, dass das, was er da gerade geleistet hat, etwas ganz Fantastisches war und in Ihnen hellste Begeisterungsstürme hervorruft. Stellen Sie sich vor, Sie loben Ihren Hund beim Spazierengehen, und Passanten werfen Ihnen ungläubige Blicke zu. Dann sind Sie auf dem richtigen Weg

Ihr Hund soll lernen, erwünschtes Verhalten von unerwünschtem zu unterscheiden. Dies erreichen Sie, wenn Sie Ihre Stimme richtig einsetzen und dem Hund Ihre Freude darüber vermitteln, dass er sich richtig verhalten hat.

Seien Sie insbesondere beim erwachsenen Hund nicht frustriert, wenn er in den ersten Tagen Ihres „neuen erzieherischen Zusammenlebens" kaum auf Ihr Lob reagiert. Die Trainingssituation ist neu für ihn und aufregend. Bleiben Sie am Ball, und Sie werden nach kurzer Zeit feststellen, dass Ihr Hund sich über Ihr freudiges Lob sehr freut und eine intensivere Bindung zu Ihnen entwickelt.

Am Anfang der Hundeerziehung fällt es jedem Menschen schwer, die Stimme richtig einzusetzen. Der ständige Wechsel zwischen freudigem Lob und ernster Korrektur muss geübt werden.

Kleine Leckerchen erleichtern die Dosierung.

LECKERCHEN

WARUM LECKERCHEN?

Viele Leute halten Belohnungshäppchen bzw. Leckerchen in der Hundeerziehung für ein Zeichen der Schwäche oder gar Unfähigkeit des Besitzers. Natürlich kann man einen Hund auch ohne Leckerchen erziehen, sogar ohne Lob. Doch dies ist nur mit sehr viel Härte, Druck und Zwang möglich und ergibt mit Sicherheit keinen Hund, der Spaß an der Erziehung hat. Außerdem wird der erzwungene Gehorsam nie so zuverlässig wie ein Gehorsam, der auf positivem Lernen fußt.
Aus dem Hundetraineralltag: Immer wieder stehen wir vor folgendem Problem: Dem Hundebesitzer fällt es sehr schwer, ein klein wenig Verwöhnaroma (z. B. das vom Hund täglich lautstark eingeforderte Betthupferl) für den Vierbeiner im Alltag zu reduzieren und im gleichen Atemzug werden wir gefragt, ob man die Leckerchen nicht langsam mal weglassen könnte.

WIE LANGE GEBEN?

Gerade in der Welpenerziehung gibt es neben dem Spiel nichts Besseres als Loben und Leckerchen. Loben müssen Sie für jedes befolgte Hörzeichen. Ein Belohnungshäppchen gibt es nur zu Beginn (die ersten paar Wochen) der Erziehung für „Sitz" und „Platz". Für das Kommen auf Ruf gibt es bis etwa zum 12. Monat immer ein Leckerchen (oder bei der Korrekturerziehung des erwachsenen Hundes während der ersten Monate der Erziehung). Auch danach sollte immer mal wieder, in möglichst unregelmäßigen Abständen, eine Belohnung in Form von Leckerchen erfolgen. Bereits erlerntes und gefestigtes Verhalten ist dann am zuverlässigsten aufrechtzuerhalten, wenn es von Zeit zu Zeit in unterschiedlichen Situationen Bestätigung erfährt.

WELCHE LECKERCHEN EIGNEN SICH?

Als Belohnungshäppchen bei verfressenen Hunden können Sie das Trockenfutter verwenden, das Ihr Hund ohnehin bekommt; bei etwas anspruchsvolleren Vierbeinern müssen Sie eventuell auch besondere Leckerchen anbieten.
Arbeiten Sie richtig mit Belohnungshäppchen, dann müssen Sie diese von der Tagesration abziehen, sonst wird Ihr Hund zu dick: Üben Sie täglich mehrmals in kleinen Lektionen von einigen Minuten, betragen die Belohnungshäppchen insgesamt sicherlich ein Viertel bis die Hälfte der täglichen Futterration. Natürlich ist Ihr Vierbeiner motivierter, wenn er noch Appetit hat. Üben Sie also nicht ausgerechnet dann, wenn er gerade gefressen hat oder generell eine Kürzung der Ration sinnvoll wäre . Unter Umständen können Sie

Viele Hunde lieben die Belohnung aus der Futtertube.

Die ganz besondere Belohnung im Futterdummy.

01 Futterdummy suchen

02 Ziel der Übung: den Dummy bringen

03 Die Belohnung: Futter aus dem Dummy, den nur der Mensch öffnen kann

die Motivation des Hundes erhöhen, wenn Sie die Futterration in Maßen kürzen. Bei Hunden, die von ihren Besitzern keine Leckerchen annehmen, ist dies zu Beginn der Erziehung das Mittel der Wahl! Es lohnt sich auch, das Angebot der Leckerchen variabel zu gestalten: Auch klein gewürfelter Käse oder Fleischwurst und Trockenfisch sind eine attraktive Belohnung für Ihren Vierbeiner. In unserer Praxis hat sich ein Belohnungsbeutel mit gemischtem Futter gut bewährt. Die Mischung besteht bei uns aus normalem Trockenfutter mit zusätzlichen Käse-, Fleischwurststückchen, Lachsleckerchen o. Ä. Das Trockenfutter nimmt so einen attraktiveren Geruch an, der viele Hunde stark motiviert. Neben den Leckerchen ist Spielen eines der wichtigsten „Erziehungshilfsmittel". Warum und wie es funktioniert, lesen Sie in den entsprechenden Kapiteln.

AUS DEM HUNDETRAINERALLTAG VON PETRA FÜHRMANN

Mein letzter Welpe, der Altdeutsche Schäferhund Bran, durfte mit mir tagsüber so viel trainieren, dass er in den ersten Monaten so gut wie kein Futter aus dem Napf bekam – er hat sich alles während des Trainings verdient.

DIE RICHTIGEN LECKERCHEN

Die Belohnungshäppchen sollten so klein wie möglich sein, damit sich der Hund an diesen Leckerchen nicht satt frisst; und natürlich sollte er auch seine gute Figur behalten. Außerdem können so mehr Leckerchen gegeben werden und der Hund hat das Gefühl, viel zu bekommen – es lohnt sich!

VERSTÄRKUNG IM RICHTIGEN MOMENT

TIMING IST ALLES

Von der Wahl des richtigen Zeitpunktes für Lob und Korrektur hängt sehr viel ab. Hunde können nur Dinge, die zeitgleich oder fast gleichzeitig passieren, miteinander in Verbindung bringen bzw. verknüpfen. „Fast gleichzeitig" bedeutet in der Hundewelt ein bis maximal zwei Sekunden! Was heißt das nun für die Erziehung?

WANN LOBEN?

Angenommen, Sie möchten Ihrem Hund „Sitz" beibringen. Der optimale Zeitpunkt für das obligatorische Lob ist hier, wenn das Hinterteil des Hundes auf dem Boden ankommt und nicht erst dann, wenn der Hund bereits sekundenlang sitzt. Nur so ist der Hund in der Lage, seine Handlung mit Ihrem Lob zu verknüpfen (siehe auch Zwei-Sekunden-Regel Seite 25.

WANN KORRIGIEREN?

Stellen Sie sich vor, Ihr Hund stiehlt Kekse vom Tisch und verschwindet kauend um die Ecke. Erwischen Sie ihn in dem Moment, in dem er seine Schnauze in die Keksdose steckt, können Sie ihn energisch tadeln (im konkreten Fall mit der Stimme, laut und ärgerlich, und wenn Sie schnell genug sind, ziehen Sie ihn am Halsband vom Tisch weg und nehmen ihm seine Beute ab). Wenn der Hund bereits kauend davonläuft, kommt Ihr Tadel zu spät, er würde ihn nur noch mit Fressen und Weglaufen verknüpfen, und was nützt das? Eine zu späte Korrektur kann fatale Auswirkungen haben: Entweder gelangt Ihr Hund zu dem Schluss, dass Sie wirklich ein bisschen seltsam sind (und damit kein fähiges „Leittier"), oder schlimmstenfalls, dass Ihnen nicht zu trauen ist.

Das „Sitz" ist perfekt ausgeführt.

Auf dem Weg ins „Platz". Für das Lob ist es noch zu früh.

„SCHLECHTES GEWISSEN"

Hunde kennen kein schlechtes Gewissen. Angenommen, Sie erwischen Ihren Hund in der oben geschilderten Situation kauend unter dem Tisch. Sie schimpfen ihn tüchtig aus, und Ihr Hund legt die Ohren an, kauert sich zusammen oder nähert sich Ihnen fast auf dem Bauch kriechend. Das bedeutet keineswegs, dass er nun ein „schlechtes Gewissen" hat, sondern lediglich, dass er Sie beschwichtigen möchte und deshalb eine Demutshaltung zeigt. Er hat nicht verstanden, warum Sie so ärgerlich sind (Ihr Tadel kommt zu spät!), sondern reagiert nur auf Ihre Empörung.

TIMING KANN MAN ÜBEN

Richtiges Timing ist nicht leicht, aber mit etwas Mühe sehr wohl zu erlernen. Hier ein durchaus ernst gemeinter Vorschlag: Sie bitten eine andere Person (z. B. ein Familienmitglied), den Hund zu spielen, damit Sie sowohl Ihren Stimmeinsatz als auch das richtige Timing üben können. Dies hat den Vorteil, dass Sie Ihren Hund nicht verwirren (lassen Sie ihn nicht zusehen, er soll nicht das Gefühl bekommen, dass Hörzeichen ihn nichts angehen!), und Ihr Übungspartner kann Ihnen Rückmeldung geben, wie es bei ihm ankommt.

DIE ZEITUNGSROLLE IN DER HUNDEERZIEHUNG

„Eine zusammengerollte Zeitung kann ein nützliches Hilfsmittel sein, wenn man sie richtig anwendet. Benutzen Sie beispielsweise die Zeitung, wenn der Hund etwas anknabbert oder gerade ein Bächlein macht. Benutzen Sie sie nur, wenn Sie nicht zum richtigen Zeitpunkt eingreifen konnten, weil Sie nicht aufgepasst haben. Nehmen Sie die Zeitung, schlagen Sie sich selbst sechsmal gegen den Kopf, und wiederholen Sie dabei den Satz: ‚Ich habe vergessen, auf meinen Hund aufzupassen.' Wenden Sie diese Technik immer wieder an. Nach einigen Korrekturen werden Sie so weit konditioniert sein, dass Sie Ihren Hund im Auge behalten. Die Zeitungsrolle sollte einzig und allein zu diesem Zweck verwendet werden. Sobald Ihr Hund über Sie lacht, loben Sie ihn."

Aus John Ross & Barbara McKinney, Hunde verstehen und richtig erziehen

Dem ist eigentlich nichts hinzuzufügen: Eine andere Verwendung für eine Zeitungsrolle gibt es in der Hundeerziehung nicht!

Wenn der Hund richtig liegt, ist der perfekte Zeitpunkt für ein Lob.

Auch beim Üben von Tricks …

… können Leckerchen Motivation und Belohnung sein.

VERSTÄRKUNG IM FALSCHEN MOMENT

Verstärkung durch Lob, Leckerchen und Zuwendung kann nicht nur im richtigen Moment stattfinden, sondern auch im falschen, und die tägliche Praxis zeigt uns leider, dass Zuwendung im falschen Moment zuverlässige Erziehungserfolge häufig unmöglich macht. Beobachten Sie einmal einen ganzen Tag lang Ihr Verhalten dem Hund gegenüber: Wann, wie oft und warum schenken Sie Ihrem Hund Zuwendung? Oftmals geschieht dies, wenn der Hund dazu auffordert (Manipulationsverhalten) oder aber einfach so. Einfach so bekommt der Hund Leckerchen, einfach so wird er gestreichelt und erhält Aufmerksamkeit. Auf diese Weise bringt man seinem Hund systematisch aufmerksamkeitsheischendes Verhalten bei, außerdem erschwert es die Erziehung ungemein. Ein Hund, der alles, was er braucht, einfach so erhält, hat keinerlei Veranlassung, sich innerhalb der Erziehung für Lob, Leckerchen, Spiel usw. anzustrengen.

Dies bedeutet, dass der Hund optimalerweise nur etwas für Leistung bzw. konstruktives Verhalten bekommen sollte. So sind Sie auf dem richtigen Weg zur Verstärkung im richtigen Moment. Verstärkung im falschen Moment hingegen ist fatal. Jede unserer unbedachten Zuwendungen belohnt den Hund für genau das Verhalten, das er im entsprechenden Moment zeigt. Wenn dies einmal vorkommt, kein Problem. Ist es jedoch die Regel, ist ein Erziehungserfolg unwahrscheinlich. Selbst Kleinigkeiten können zu „Fallen“ werden, da Hunde als stark ichbezogene Wesen alles, was passiert, auf sich selbst beziehen.

Checkliste

GRUNDLAGEN DER HUNDEERZIEHUNG

- ☐ Stimme richtig einsetzen.
- ☐ Einfache Hörzeichen verwenden.
- ☐ Nur das verlangen, was unmittelbar durchgesetzt werden kann.
- ☐ Verstärkung im richtigen Moment, d. h. sofort loben oder korrigieren.
- ☐ Richtig belohnen.
- ☐ Timing üben.
- ☐ Gelerntes schrittweise von Trainings- in Alltagssituationen übertragen.
- ☐ Üben, üben, üben!

Sie vermitteln dem Hund: …

Jetzt hast Du's richtig gemacht!

ERZIEHUNGHILFSMITTEL

LEINEN, HALSBAND, GESCHIRR

Die Wahl der Leine und des Halsbandes bleibt natürlich völlig Ihrem Geschmack (und Geldbeutel) überlassen. Wir möchten hier lediglich auf tierschutzrelevante Aspekte, sinnvolle und wenig sinnvolle Hilfsmittel hinweisen.

HALSBAND ODER GESCHIRR?

Mittlerweile scheint es fast einen ideologischen Streit zu geben oder doch wenigstens zur Gretchenfrage zu werden: Halsband oder Geschirr? Wir wollen uns an der zum Teil sehr heftig und emotional geführten Auseinandersetzung nur insofern sachlich beteiligen, als wir Pro und Kontra gemäß unserer langjährigen Erfahrung

Gut sitzendes Norwegergeschirr. Achtung: Diese Geschirrform behindert die freie Bewegung der Schulter und sollte niemals unter Zug eingesetzt werden.

Dieses Geschirr schnürt unter den Achseln ein.

Auch ein zu lockeres Geschirr hat viele Nachteile.

auflisten. Wenn wir hier von Halsband reden, meinen wir selbstverständlich keine Zug-, geschweige denn Stachelhalsbänder, so wie wir mit Geschirr ein gut sitzendes, nicht einschneidendes meinen und keinen sogenannten Geh-bei-Fuß-Trainer.

VOR- UND NACHTEILE DES HALSBANDES

Vorteile

— Befriedigende bis gute Einflussmöglichkeit des Menschen auf den Hund.
— Volle „Zugkraft" des Hundes kommt nicht zum Einsatz.

Nachteile

— Bei extrem stark ziehenden Hunden mit schwacher Bemuskelung eventuell luftabschnürend.

VOR- UND NACHTEILE DES GESCHIRRS

Vorteile

— Gut geeignet für zarte, feingliedrige Welpen bzw. für Welpen überhaupt.
— Oft gut geeignet für unsichere Hunde (beruhigende Wirkung).
— Eine Gewöhnung ist nur bei sehr ängstlichen Hunden notwendig, sodass die Wirkung schnell getestet werden kann.

Nachteile

— Volle „Zugkraft" des Hundes kommt zum Einsatz (siehe Schlittenhunde), daher, um dem Hund das Ziehen an der Leine abzugewöhnen, unter Umständen kontraproduktiv.
— Man hat keine Möglichkeit, die Blickrichtung des Hundes zu ändern; der Hund kann rückwärts ziehend aus dem Geschirr schlüpfen.
— Im Alltag drücken die Schnallen im Rippenbereich, das Geschirr sollte also im Haus ausgezogen werden.

HUNDE KÖNNEN RÜCKWÄRTS AUS DEM GESCHIRR SCHLÜPFEN

Wenn man es noch nicht gesehen hat, ist es unvorstellbar, aber bei geübten Tieren gelingt es in Sekundenschnelle. Sehr ängstliche Hunde oder Hunde, die aufgrund ihrer Problematik auf gar keinen Fall frei laufen dürfen, müssen bei Einsatz eines Geschirrs unbedingt zusätzlich mit einem Halsband gesichert werden. Bei „Entfesselungskünstlern" empfiehlt sich der Einsatz eines Zugstopphalsbandes, d.h. das Halsband zieht sich ein kleines Stückchen zu, ohne zu würgen. Alternativ kann ein maßangefertiges 3-Gurt-Geschirr eingesetzt werden (dieses hat einen zusätzlichen Bauchriemen, der das Herausschlüpfen verhindert).

Wir möchten an dieser Stelle aus gegebenem Anlass darauf hinweisen, dass nach unserer Erfahrung weder Halsband noch Geschirr ein Allheilmittel für ziehende Hunde darstellt. Alle unterstützenden Übungen zur Leinenführigkeit, egal ob mit Halsband oder Geschirr, können – so wichtig sie sein mögen – eine mangelhafte Umweltsozialisation nur schwer wettmachen. Die Überforderung des schlecht sozialisierten Hundes ist oft der Grund für schlechte Leinenführigkeit. Diese Überforderung kann sich in nervöser Ängstlichkeit oder schlicht in völliger Aufgedrehtheit äußern.

Deshalb unser Appell an alle Welpenbesitzer: Nehmen Sie die Umweltsozialisation (Seite 54 ff.) Ihres Hundes ernst und machen Sie sie zur „Chefsache"! Und unsere Ermunterung für Besitzer erwachsener Hunde: Nicht die Flinte ins Korn werfen, wenn Ihr Hund nicht auf die erstbeste Methode anspricht. Das Abgewöhnen eines gefestigten, erlernten Ziehens an der Leine erfordert viel Geduld, doch glücklicherweise stehen uns heutzutage genügend positive Methoden zur Verfügung, die Lernen über Schmerz (Stachelhalsband etc.) überflüssig machen.

STACHELHALSBAND

Unter den Begriffen Stachelhalsband, Korallenhalsband oder Schüttel-Ruck-Halsband versteht man ein Halsband mit gegen den Hals des Hundes gerichteten Stacheln. Dieses Halsband pikst beim Zug durch Hund oder Mensch empfindlich in den Hals des Hundes. Auch wenn man den Hals des Hundes nicht mit dem eigenen vergleichen kann, entsteht hier ein nicht zu vertretender Schmerz.

GENTLE-DOG

Ein ebenfalls wenig tierschutzgerechtes Hilfsmittel ist das sogenannte Gentle-Dog. Hier führen vom Halsband aus lange, dünne Nylonriemen unter den Achseln des Hundes hindurch. An diesen wird die Leine befestigt, sodass bei jedem Zug die Schnüre unter den wenig behaarten Achseln des Hundes reiben. Dies verursacht neben den unvermeidlichen Schmerzen oft wunde und offene Stellen.

01

02

SCHLEPPLEINE

Die Anschaffung einer Schleppleine empfiehlt sich dringend. Eine Schleppleine ist eine dünne 5 bis 10 Meter lange Schnur mit einem Durchmesser von 6 bis 16 Millimeter, je nach Größe des Hundes.

FLEXILEINE

Eine Flexileine sollten Sie nicht benutzen, da der Hund hier automatisch lernt, dass Ziehen Erfolg hat, da er bei Gegenzug mehr Freiheit bekommt.

03

04

KOPFHALFTER ODER HALTI

Das Kopfhalfter für Hunde ist vergleichbar mit einem Pferdehalfter. Es ist ein ausgezeichnetes Erziehungshilfsmittel für Hunde, die stark an der Leine ziehen. Aber auch unsicheren Hunden kann das Kopfhalfter zu mehr Selbstsicherheit verhelfen. Ebenso ist es bei ungünstigen Mensch-Hund-Kräfteverhältnissen das Mittel der Wahl. Wie Sie Ihren Hund daran gewöhnen, können Sie ab Seite 144 lesen.

HUNDEPFEIFE

Wenn Sie möchten, können Sie natürlich eine Hundepfeife benutzen. Auf jeden Fall aber ist diese zu empfehlen, wenn Sie sehr unsicher sind oder wenn Ihre Stimme zu leise ist. Nehmen Sie keine lautlose Pfeife, weil Sie sich sonst nicht sicher sein können, ob Ihr Hund den Pfiff wirklich nicht gehört hat oder ihn einfach missachtet. Praktisch sind Hundepfeifen mit zweifachem Pfiff: glatter Pfiff und Triller. Wenn Sie fleißig üben, können Sie Ihrem Hund beibringen, auf den glatten Pfiff hin zu kommen und sich auf den Triller hin hinzulegen. Hütehunde beispielsweise werden oft mit einer speziellen Pfeife trainiert, die viele verschiedene Signale erlaubt – Sie überfordern Ihren Hund mit zwei Signalen also keineswegs.

01 Die Schleppleine – eines der wichtigsten Hilfsmittel.

02 Pfeifen gibt es mittlerweile auch in schönen Farben und mit genormten Tonlagen.

03 Das Halti sollte, ebenso wie das Geschirr, sehr gut angepasst werden

04 Beim Halsband sind dem Geschmack und dem Geldbeutel keine Grenzen gesetzt, sofern es dem Hund passt.

FUTTERBEUTEL

Ein Futterbeutel ist ein kleines Täschchen (meist in Dummyform), das mit Futter gefüllt werden kann. Der Hund kann es selbst nicht öffnen und lernt so, dass es sich lohnt, damit zu seinem Menschen zurückzukommen, der direkt daraus belohnt. Man kann Futterbeutel neben dem Apportiertraining auch als Belohnung für die verschiedensten Aufgaben einsetzen (z. B. Suchen lassen). Lassen Sie den Hund nicht unbeaufsichtigt mit dem Futterbeutel, sonst zerstört er ihn womöglich.

THUNDERSHIRT

Unter einem Thundershirt versteht man einen eng anliegenden Body, der den Körperbinden des Tellington-Trainings angelehnt ist. Der Hund soll dadurch ein besseres Körpergefühl entwickeln und sich besser fühlen. Was sich zunächst nach esoterischem Schnickschnack anhört, funktioniert in der Praxis tatsächlich sehr gut. Das Thundershirt zeigt bei ängstlichen Hunden sehr gute Erfolge und ist ein wertvolles unterstützendes Hilfsmittel in der Angsthunde-Arbeit oder bei Phobien wie z. B. Gewitterangst.

DISK-SCHEIBEN

Disk-Scheiben sind kleine Metallscheiben, die klappern. Konditionierung und Handhabung sollten entgegen der Werbeversprechungen unter entsprechender fachlicher Anleitung erfolgen. Die Gefahr von Fehlschlägen oder starker Verunsicherung des Hundes ist sonst zu groß. Das gleiche gilt selbstverständlich für andere Hilfsmittel wie Wurfketten, Rappeldosen oder anderen schreckerzeugenden Hilfsmitteln. Vorsicht auch, wenn andere Hunde anwesend sind!

Das Thundershirt kann für manche Hunde beunruhigende Situationen entschärfen.

Clicker in unterschiedlichsten Farben und Formen

SPRÜHHALSBÄNDER

Ein Sprühhalsband ist ein Halsband mit einem kleinen Kästchen, in das ein Wasser-Wasserstoff-Gemisch gefüllt wird. Mit einem Funkauslöser kann über eine Distanz von max. 50 m ein kurzer Sprühstoß ausgelöst werden, der gegen den Kopf des Hundes gerichtet ist. Der Schreckeffekt ist bei den meisten Hunden enorm. Das Sprühhalsband sollte ausschließlich zusammen mit fachlich kompetenter Hilfe benutzt werden!

ELEKTRISCHE HILFS-MITTEL, TELETAKT & CO.

Der Einsatz von solchen Geräten ist tierschutzwidrig. Wir sind der Meinung, dass die Gefahr von Fehlverknüpfungen bis hin zu ernsten Schädigungen zu hoch ist, als dass wir den Einsatz befürworten könnten.

Futterbeutel gibt es auch für Klein- und Kleinsthunde.

☞ SINNVOLLE ERZIEHUNGSHILFSMITTEL

— breites Halsband
— gut sitzendes Geschirr
— Schleppleine
— Hundepfeife
— Clicker und Markerwort
— Futterbeutel
— Thundershirt

NUR UNTER FACHLICHER ANLEITUNG!

— Kopfhalfter
— Disk-Training
— Sprühhalsband

AUF KEINEN FALL EINSETZEN!

— Stachelhalsband
— Gentle-Dog
— Stromreizgeräte

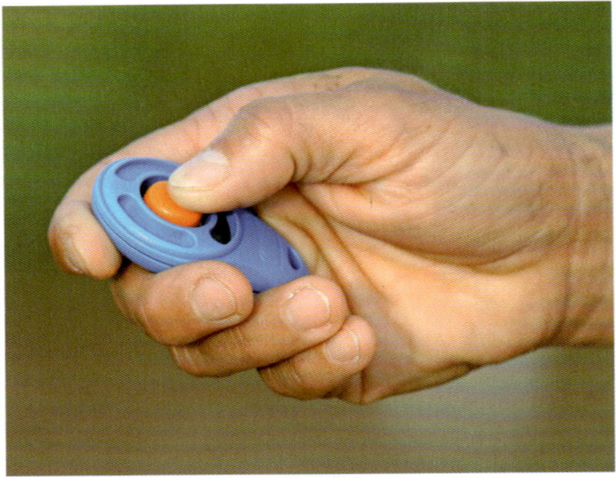

Jedes Clicken kündigt …

… ein Leckerchen an.

Mit dem Click ist die Bestätigung einfacher …

LERNEN MIT DEM CLICKER

Auf dem Weg zum perfekten Timing mit einem lernbegeisterten Hund gibt es ein wunderbares Hilfsmittel, dessen Funktion und Wirkungsweise Sie unbedingt ausprobieren sollten: den Clicker. Dahinter verbirgt sich zunächst einmal nichts anderes als eine Art kleiner Knackfrosch, wie Sie ihn vielleicht noch aus Kinderzeiten kennen.
Mit dem Clicker haben Sie nun die Möglichkeit, Lernen durch Versuch und Erfolg auf ganz klassischem Weg zu realisieren.
Dazu aber muss er dem Hund erst einmal bekannt und schmackhaft gemacht werden. Denn zunächst stellt der Clicker, oder besser gesagt das Geräusch, das er macht, für den Hund einen völlig neutralen und bedeutungslosen Reiz dar. Anders als die beschriebene freudige Stimme, die eine positive Emotion über richtiges Verhalten transportiert, ist der Clicker für das Tier „völlig nackt und uneingeführt" eine Geräuschquelle wie jede andere – und in der Regel also bedeutungslos.

DEN CLICKER POSITIV BESETZEN

Damit der Hund nun das Clicken mit etwas Positivem verknüpfen kann, geht man zuallererst folgenden sehr einfachen Schritt: In ablenkungsfreier Umgebung lässt man dem Clicken die sofortige Gabe eines kleinen, möglichst attraktiven Leckerchens folgen. Dies wiederholt man mehrmals hintereinander: Click und Leckerchen, Click und Leckerchen, Click und Leckerchen … Ungefähr 10 – 20 Wiederholungen dürfen es schon sein. Mit dieser unkomplizierten Vorgehensweise belegt der Hund das Knacken positiv, und der zuvor bedeutungslose Reiz hat sich zu einem positiven gewandelt. Das Clicken kündigt aus Sicht des Hundes jetzt die Gabe von Futter an.

… und schneller möglich.

DER EINSATZ DES CLICKERS

Und nun kann eigentlich schon begonnen werden, den Clicker bei allen Übungen anstelle des stimmlichen Signals („Gut!“) einzusetzen, sobald der Hund etwas richtig gemacht hat oder erste Ansätze dazu zeigt. Optimalerweise sollten die Leckerchen dabei nicht in der Hand gehalten, sondern in einem kleinen Futter- oder Bauchbeutel getragen oder, je nach Umgebungsmöglichkeiten, in einem Schälchen auf dem Tisch o. Ä. deponiert werden. Viele Hunde konzentrieren sich so viel besser auf die Übungen, fixieren sich weniger auf die Hand ihrer Besitzer und lernen somit leichter. Der Clicker kann in jeder Lernphase, keineswegs nur bei den leichten Anfangsschritten, zur Bestätigung des jeweils richtigen Verhaltens eingesetzt werden. Natürlich dürfen Sie nach dem Click trotzdem noch stimmlich loben. Sprechen ist nicht verboten.

DER CLICKER ALS BRÜCKE

In der Literatur wird das Clickergeräusch häufig als Brückensignal bezeichnet, was seine Wirkungsweise und Möglichkeiten ausgezeichnet verdeutlicht. Denn der Clicker baut tatsächlich eine Brücke zwischen dem gezeigten Verhalten und der Belohnung in Form des Leckerchens. Der Bau dieser Brücke bringt vor allem eines: Zeit. Da die Augen-Daumen-Koordination beim Menschen ungeheuer schnell funktioniert, kann mit dem Clicken das richtige Verhalten im Moment des Auftretens präzise eingefangen und verstärkt werden, um anschließend mit einem Leckerchen ebenso belohnt zu werden wie nach einer stimmlichen Bestätigung. Gerade die gewonnene Zeit macht das Clickertraining so wertvoll: Nach dem Click haben Sie genügend Zeit, um in der Jackentasche nach dem Leckerchen zu kramen oder die drei Schritte Distanz zum Hund zu überbrücken.

VORTEILE DES CLICKERTRAININGS

Das, was sich auf den ersten Blick als Nachteil erweisen mag, die anfängliche Neutralität und Emotionslosigkeit des Clickers, birgt für das Training große Vorteile. Denn der Clicker bietet die Chance, zielgerichtetes Lernen völlig neu aufzubauen, ohne an womöglich negative oder schlicht auch nur erfolglose Vorerfahrungen des Hundes anzuknüpfen. Die positive Gestimmheit, die mit dieser neu eingeführten Methode durch ständige „Versuche und Erfolge" beim Hund entsteht, kann für jede Übungseinheit immer wieder genutzt werden und versetzt das Tier recht schnell in eine sogenannte „Arbeitserwartungshaltung", die seine Motivation und auch sein Lerntempo im besten Fall nicht nur hoch hält, sondern sogar noch erhöht: Hunde, die regelmäßig und gut getimt mit Clicker gearbeitet werden, lernen Neues in der Regel von Mal zu Mal schneller.
Stimmliche Signale hingegen sind im Alltagsumgang mit dem Hund oft aufgeweicht und wenig unterscheidend – das ist keine böse Absicht von uns unzulänglichen Menschen, sondern eher unser eigenes, artgemäßes Spezifikum. Mit Clickertraining (auch Markertraining) helfen Sie Ihrem Hund, Sie besser zu verstehen.

Das Besondere am Clickern ist also die Einführung und der korrekte Aufbau einer für den Hund völlig neuen, nicht negativ besetzten Trainingsmethode. Anders als die Stimme ist der Clicker dabei außerdem immer gleich „gelaunt", übermittelt stets ein und dieselbe Erkenntnis (dieses Verhalten war richtig = Leckerchen) und kennt keine, hinter einem laschen Lob versteckte Enttäuschung oder gar Strafe.

Er vermittelt immer das Gute, vorausgesetzt, es wird im richtigen Moment geclickt, was der kleine Pferdefuß an der Sache ist. Denn auch beim Verstärken mit Clicker statt Stimme muss das Timing stimmen und auf gleiche Weise in das Verhalten des Hundes hineinreagiert werden. Zudem muss die Leckerchengabe ebenso zuverlässig jedes Mal direkt im Anschluss erfolgen, sonst wird das Clickern erneut bedeutungs- und somit wirkungslos. Der Clicker ist also keine Wunderwaffe und darf schon gar nicht, was häufig passiert, mit einem Kommando verwechselt werden. Er ist ein sinnvolles und absolut erprobungswürdiges Hilfsmittel; eine Brücke eben, die den Weg zum Verstehen für den Hund mit einem roten und überaus weichen Teppich polstert. Nicht mehr, aber auch nicht weniger.

Hier lernt der Hund, die Hand zu berühren.

Ein Targetstab, den der Hund mit der Nase berühren soll, hilft bei vielen Übungen.

STIMME ZUSÄTZLICH EINSETZEN

Übrigens bedeutet das Training mit dem Clicker nicht, dass man gänzlich darauf verzichten muss, den Hund auch mit der Stimme zu loben, wenn er etwas richtig gemacht hat. Da wir uns nun einmal in erster Linie über unsere Stimme mitteilen, loben wir unsere Hunde zusätzlich zum Clickergeräusch, was keineswegs problematisch ist.

Kurz gefasst: Der Clicker kann beim Training mit dem Hund das stimmliche Signal („Gut!") ersetzen und die Zeit zwischen richtigem Verhalten und Leckerchengabe überbrücken. Dazu muss sein zunächst noch neutrales Geräusch für den Hund, wie beschrieben, positiv besetzt werden. Viele Hunde lernen bei entsprechendem Einsatz mit dem Clicker motivierter und schneller!

Hier will er es besonders gut machen und bohrt seine Nase geradezu in die Hand.

 CLICKER VERSUS STIMME

DIE VORTEILE DER STIMME

- Hat man immer bei sich.
- Kann emotionale Freude des Besitzers über richtiges Verhalten transportieren.
- Kann akustisch eindeutig mit dem Besitzer identifiziert werden und somit bindungsfördernd wirken.
- Kann je nach Schwierigkeitsgrad der Übung verschiedene Stimmungslagen ausdrücken und somit gut angepasst werden („Gut!" „Gut!!" „Gut!!!").

DIE NACHTEILE DER STIMME

- Durch den ständigen Einsatz im Alltag als akustischer Verstärker unter Umständen von nur geringer Bedeutung für den Hund.
- Frust oder Stress schlagen sich beim Menschen in der Regel in der Stimme nieder, so können eventuell negative Emotionen, wie versteckte Enttäuschung oder Frust, transportiert werden.
- Augen-Stimme-Koordination funktioniert oft nicht so gut wie Augen-Daumen- Koordination, somit ist das Timing mitunter schlechter.

DIE VORTEILE DES CLICKERS

- Bei korrektem Aufbau Möglichkeit einer gänzlich neuen und vor allem unbelasteten Lernmethode für den Hund.
- Hat bei richtiger Anwendung immer dieselbe Bedeutung für den Hund und transportiert keine negativen oder unpassenden Emotionen.
- Kann den Hund in eine regelrechte Arbeitserwartungshaltung versetzen und die Lernmotivation bedeutend erhöhen.
- Hunde, die häufig und korrekt geclickert werden, lernen Neues in der Regel schneller. Empfehlenswert auch bei Hunden mit problematischer oder unbekannter Vergangenheit.
- Unabhängigkeit vom Besitzer oder der engsten Bezugsperson; Methode ist auch auf „Assistenten" übertragbar, die mit dem Hund üben möchten.

DIE NACHTEILE DES CLICKERS

- Muss im richtigen Moment immer griffbereit „am Mann" sein.
- Die positive Gestimmtheit der menschlichen Stimme kann manchen Hunden fehlen.
- Wird bei oberflächlicher Kenntnis in seiner Anwendungs- und Wirkungsweise oft missverstanden und fälschlicherweise als Kommando eingesetzt.
- Kann bei übertriebener Anwendung Suchtpotential entwickeln.

CLICKER-ALTERNATIVE MARKERWORT

Oft fehlt in der Hundeerziehung die dritte Hand, z. B. beim Training zur Leinenführigkeit. Oder man hat – mal wieder! – den Clicker zu Hause vergessen, findet ihn gerade nicht oder, oder … Hier hilft ein sogenanntes Markerwort, das man sinnvollerweise zusätzlich zum Clicker konditioniert. Wenn in diesem Buch vom Clickern oder Markern die Rede ist, ist es egal, ob Sie den Knackfrosch oder das Wort einsetzen.

CLICK ALS MARKERWORT

Wir empfehlen übrigens als Markerwort das Wort „Click", und zwar aus den folgenden Gründen:

- **Das Wort wird normalerweise im Alltag nicht verwendet, sodass nicht die Gefahr des „Verwässerns" besteht.**
- **Es läßt sich stimmlich nur sehr schwer variieren.**
- **Es ist kurz und läßt sich schnell aussprechen.**
- **Es läßt sich relativ neutral aussprechen.**

Ein aufmerksamer Hund dank Markertraining.

So niedlich sie sind – auch Welpen sollten nicht so viel Futter bekommen, dass sie übergewichtig werden.

ERNÄHRUNG UND ERZIEHUNG

KEIN FUTTER ZUR FREIEN VERFÜGUNG

Ein weitverbreiteter Fehler in der Hundeernährung ist, Futter den ganzen Tag über zur freien Verfügung stehen zu lassen. Viele Hundebesitzer, besonders Ersthundhalter, sind unsicher und befürchten, der Hund könne sonst womöglich abmagern.

ÜBERGEWICHT IST UNGESUND

Diese Art der Fütterung hat jedoch gravierende Nachteile. Erstens werden so gut wie alle Hunde auf diesem Weg dick oder doch zumindest übergewichtig, womit gerade bei Welpen und Junghunden keineswegs zu spaßen ist. Die Mär, dass ein Welpe rundlich sein sollte und durchaus etwas Speck auf den Rippen haben darf, stammt aus grauer kynologischer Vorzeit. Heute steht gerade die Überversorgung mit Futter im Verdacht, der Hüftgelenksdysplasie und anderen Gelenkerkrankungen Vorschub zu leisten. Deshalb lautet die Devise: Schlank soll er sein, der Welpe genauso wie der junge und der erwachsene Hund. Gerade bei großwüchsigen Hunderassen ist eine Überversorgung oft fatal. Der Hund wächst schneller als er sollte, Gelenkprobleme sind vorprogrammiert.

LECKERCHEN SOLLEN ATTRAKTIV BLEIBEN

Durch diese unkontrollierte Fütterung wird außerdem die Erziehung über Futtermotivation erschwert. Welchen Grund sollte der Hund haben, sich für ein Leckerchen anzustrengen, wenn der Napf in der Küche immer gut gefüllt ist?

VERFRESSENE HUNDE SIND LEICHTER ZU ERZIEHEN

Viele unserer Kunden beklagen sich jedoch darüber, dass ihr Hund so verfressen sei. Wir freuen uns immer, wenn wir diese „Klage" hören, da dies die Erziehung in vielen wichtigen Punkten erleichtert. Kontrollierte Fütterung ist natürlich auch bei solchen Hunden besonders wichtig.

Keine Binsenweisheit: Schlanke Hunde sind gesünder.

Die kontrollierte Fütterung ist auch ein gutes Mittel, mäkelige Esser unter den Vierbeinern in den Griff zu bekommen. Der Welpe sollte dreimal, der erwachsene Hund zweimal täglich gefüttert werden. Alles, was im Napf zurückbleibt, wird sofort wortlos weggenommen. Machen Sie nicht den Fehler, sich neben den Hund zu stellen und ihn zum Fressen überreden zu wollen, wenn der Hund mäkeln sollte. Sonst sind Sie auf dem besten Weg, den Hund zu einem schlechten Fresser zu erziehen, der dieses nicht mag, jenes nicht will. Ihr gut gemeintes „Nun nimm doch, du musst doch essen" bedeutet für den Hund in allererster Linie Zuwendung und wenn Sie Pech haben, verknüpft er: „Fress ich langsam, ist mein Mensch besonders nett zu mir." Der sinnvollere Weg ist, schlechtes oder zögerliches Fressen völlig zu ignorieren. Auch wenn sich diese Angewohnheit bei dem Hund bereits gefestigt hat, ist diese Strategie

Rassen wie der Cocker Spaniel oder der Labrador …

… neigen zu Übergewicht.

Leckerchen und Futterspiele …

… müssen in die Gesamtmenge eingerechnet werden.

hilfreich. Am besten halten Sie sich noch nicht einmal in der Nähe des Hundes auf, wenn er gelangweilt in seinem Futter herumschnüffelt. Sobald er sich vom Napf entfernt, nehmen Sie die Futterschüssel schweigend weg. Bei der nächsten Mahlzeit wird der Appetit mit sehr hoher Wahrscheinlichkeit schon etwas größer sein, bei der darauffolgenden noch etwas mehr usw. Intensive Zuwendung am falschen Ort und zum falschen Moment sind jedoch häufig der Grund für Erziehungs- und Verhaltensprobleme beim Hund.

Sie brauchen keine Angst zu haben, Ihr Hund könne verhungern, wenn Sie ihm einige Male den nicht völlig geleerten Napf wegnehmen. Ein Hund, der zwei-, dreimal am Tag Futter hingestellt bekommt, verhungert nicht. Die Art und Weise, wie wir unsere Hunde ernähren können, ist purer Luxus – die Art und Weise, wie viele Hunde sich am Futternapf verhalten, auch.
Dies gilt für gesunde, muntere Hunde. Hat Ihr Hund ein glänzendes Fell, tobt herum und ist auch sonst immer munter, müssen Sie sich keine

Die Futtermenge richtet sich nach dem Bedarf des Hundes und nicht nach der Angabe des Herstellers.

Gedanken machen, wenn er einmal (oder öfter) schlecht frisst. Der Grund liegt womöglich darin, dass Sie zu viel oder gar zu gut füttern. Viele Hundebesitzer erziehen ihre Hunde zu „Schnäkern", indem sie mäkeliges Fressverhalten dadurch „belohnen", das Futter des Hundes mit immer neuen Raffinessen zu verfeinern. Einer unserer „Schüler" rührte seinen Futternapf nur dann an, wenn dieser mit geriebenem Käse angereichert war.

WIE VIEL FÜTTERN?

Die Mengenangaben der Futtermittelhersteller sind oftmals sehr hoch gegriffen und stellen lediglich Durchschnittswerte dar.

Ein kleines Beispiel: Drei unserer Hunde erhielten alle das gleiche Futter desselben Herstellers. Das Gewicht der drei war fast identisch, die tägliche Belastung durch Spaziergänge und Agilitytraining auch. Wir achteten streng darauf, dass unsere Hunde schlank waren. Während der Border Collie in etwa die vom Hersteller angegebene Menge erhielt, durfte der Australian Shepherd nur die Hälfte davon bekommen, da er ansonsten fett wurde wie eine Kugel.

Der dritte Hund, ein äußerst zierlicher Dobermannrüde, bekam hingegen mehr als die doppelte Ration des Border Collies, also die vierfache Portion des Australian Shepherds. Damit hielt er gerade so sein Gewicht, mit weniger Futter magerte er sofort ab.

Der berühmte Ausspruch „Mein Hund bekommt aber nur so viel, wie auf der Packung steht" ist angesichts eines übergewichtigen Hundes völlig irrelevant. Nicht die Packungsangabe sollte ausschlaggebend sein, sondern das Aussehen des Hundes. Müssen Sie sich erst durch eine Speckschicht bohren, bevor Sie an die Rippen des Hundes stoßen, so ist das Tier schlicht und ergreifend zu dick, und auch die Taille des Hundes sollte erkennbar sein. Ein übergewichtiger Hund oder Welpe hat eine geringere Lebenserwartung, Krankheiten sind vorprogrammiert, die Bewegungsfreude ist eingeschränkt. Mit einem Zuviel an Futter tut man dem Tier also in keinem Fall einen Gefallen.

PRAKTISCHE
HUNDEERZIEHUNG
— Von Anfang an

ENTWICKLUNGSPHASEN DES HUNDES UND IHRE BEDEUTUNG

DAS ERSTE JAHR IM LEBEN EINES HUNDES

Das Leben eines Hundes ist in verschiedene Entwicklungsphasen gegliedert, in denen der Vierbeiner Entscheidendes für sein späteres Leben lernt. In der Kynologie (Lehre vom Hund) spricht man u. a. von Prägung (dieser Begriff geht auf Konrad Lorenz zurück), sensiblen Phasen, Sozialisierung, Verselbstständigungsphasen etc. Über die genaue Terminologie herrscht bei den Wissenschaftlern nicht immer Einigkeit. Darüber hinaus lässt sich eine zeitlich zu stringente Einteilung in Entwicklungsphasen durch die Untersuchungen der letzten Jahre nicht mehr halten: So wird z. B. für die „Phase der Zuwendung zur Außenwelt" für den Golden Retriever der Zeitraum vom 28. Tag bis zur 9. Woche genannt, für den Labrador vom 35. Tag bis zur 9. Woche. Beim Siberian Husky setzt diese Phase gar schon mit dem 17. Lebenstag ein (Feddersen-Petersen).
Einmal abgesehen davon, dass der Übergang von einer Phase in die nächste fließend ist, zeigt das o. a. Beispiel, dass rassespezifische Unterschiede bei der Entwicklung eines Hundes von großer Bedeutung sind.

ERZIEHUNGSRELEVANTE ASPEKTE

Neben dem genetischen Grundgerüst sind die ersten zwei Lebensmonate für die körperliche und nervliche Grundausstattung des Hundes entscheidend. Wir beschränken uns im Folgenden darauf, die Aspekte zu beschreiben, die für den Hundehalter in Bezug auf die Erziehung und Umweltsicherheit seines neuen Hausgenossen wichtig sind.

PRÄGUNGSÄHNLICHES LERNEN

Der frischgebackene Hundebesitzer erhält seinen Welpen in einem Alter von acht bis zehn Wochen in einer äußerst sensiblen Phase: Die Art und Weise der sozialen Kontakte, sowohl zu Artgenossen als auch zu Menschen, das gezielte Heranführen an Umweltreize wie z. B. Verkehr, Innenstädte, Jogger, Briefträger etc. entscheidet in ganz bedeutendem Maße mit darüber, ob der erwachsene Hund diese „Dinge" später als Störfaktoren seiner Umwelt betrachtet, die es zu beseitigen oder zu meiden gilt.
Das Lernen in dieser Entwicklungsphase ist sehr treffend als „prägungsähnliches Lernen" bezeichnet worden. Wiederum ist eine genaue zeitliche Einteilung problematisch, da diese rassespezifisch und individuell von Hund zu Hund stark abweichen kann. Grob kann jedoch davon gesprochen werden, dass es sich hier um einen zeitlichen Rahmen bis etwa zur 14. bzw. 20. Lebenswoche handelt.

Auch der Umgang mit Artgenossen gehört zur Sozialisation.

UMWELTSOZIALISATION IST WICHTIG

Wichtiger als die genaue Benennung von Wochenzahlen sind für den Welpenbesitzer jedoch die Konsequenzen, die sich hieraus ableiten lassen: Gezielte positive Begegnungen mit Mensch, Tier und Umwelt (siehe ab Seite 54) sollten nun oberste Priorität haben. Gleichzeitig sollte die noch stark ausgeprägte Folgebereitschaft des Welpen optimal ausgenutzt werden, um den Grundstein für das „Kommen auf Zuruf" (siehe ab Seite 85) zu legen. Mit Abschluss der beschriebenen sensiblen Phase setzt beim Junghund eine Phase der relativen Verselbstständigung ein. Viele Hundebesitzer beobachten, dass sich der Junghund nun unter Umständen nicht mehr so leicht lenken lässt wie bisher.

BINDUNGSASPEKT

In dieser Phase ist es wichtig, dass die Bindung an den Besitzer vertieft wird. Der ständige Wechsel von Bezugspersonen sollte nach Möglichkeit unterbleiben. Gegen ein, zwei weitere Bezugspersonen ist natürlich nichts einzuwenden.

PUBERTÄT

Mit ca. sechs bis neun Monaten (je nach Rasse und Individuum) steht der Hund an der Schwelle zur Pubertät. Allerspätestens jetzt ist eine konsequente Einteilung des häuslichen Bereichs in Tabuzonen von allergrößter Bedeutung, falls dies bislang unterblieben ist.
Ein immer wieder zu hörender Vorwurf an Vereine und Hundeschulen, die Prägespieltage anbieten,

Mangelnde erzieherische Konsequenz in der Pubertät ...

lautet, die Welpen würden dort stark und selbstbewusst gemacht und die Junghundebesitzer anschließend mit ihren pubertierenden Vierbeinern sich selbst überlassen.

Noch ist er ein nahezu unbeschriebenes Blatt.

Jetzt sammeln sie schon jede Menge Erfahrungen.

... kann zu ausgewachsenen Problemen führen.

Tatsächlich ist die Pubertät eine äußerst wichtige Entwicklungsphase, in der sich der Mensch dem Hund gegenüber in der Regel keine Inkonsequenz leisten kann. Selbst bei einem Hund, der bis dato ganz gut gehorcht hat, können nun intensivere Erziehungsübungen notwendig sein. Dadurch vermeidet man, dass er die Erfahrung macht, er könne seine Zweibeiner ignorieren.

Gerade regelmäßige Besucher von Spieltagen mit integrierter Früherziehung sind häufig begeistert über die schnellen Fortschritte und Erfolge, die sie mit ihrem Welpen bei entsprechend positiver Verstärkung gewünschter Verhaltensweisen machen. Nicht selten ist die Begeisterung über den Hund nun so groß, dass man es mit dem „Verwöhnaroma" übertreibt und dem Hund zu viele soziale Privilegien zugesteht. Bei einem Junghund an der Schwelle zur oder in der Pubertät kann sich dies fatal auswirken und sämtliche Früherziehungsbemühungen zunichte machen. Erziehung in der Pubertät ist nicht weniger wichtig als Erziehung in der sogenannten „ersten sensiblen Phase". Nachlassende Konsequenz bestraft der pubertierende Hund ganz besonders. Sinnvolle, vom Menschen initiierte Beschäftigung (Spiel) mit dem Hund nach dem Prinzip des „Agierens statt Reagierens" (Bloch 1997) ist ebenfalls eine große Hilfe beim Umgang mit dem Hund in der Phase der sozialen Reife. Bei den meisten Hunden ist nun regelmäßiges Gehorsamstraining unter möglichst steigender Ablenkung bzw. mit steigendem Schwierigkeitsgrad erforderlich.

Je nach Rasse und Individuum ist die Phase der Pubertät unterschiedlich lang. Ein kleinrassiger Hund, wie z. B. der West Highland White Terrier, ist wesentlich früher erwachsen als großwüchsige Hunde, wie z. B. die Deutsche Dogge.

TABUZONEN
— im häuslichen Alltag

01

WAS SIND TABUZONEN?

Tabuzonen im häuslichen Alltagsbereich sind ein äußerst effektives Erziehungsmittel, und man wird um diese Maßnahme nicht herumkommen, sofern man ein Erziehungsproblem mit seinem Hund hat, das man gewaltfrei lösen möchte. Doch was ist darunter zu verstehen? Die meisten Hunde können völlig frei entscheiden, wo sie sich innerhalb von Haus, Wohnung und Garten aufhalten möchten.

Das Schaffen von Tabuzonen hat mehrere Vorteile: Mehrmals täglich geben sie mir Gelegenheit, mit dem Hund das Einhalten von Regeln zu trainieren. Ganz nebenbei bescheren sie mir noch einen sehr angenehmen Hund, der auch bei Besuch nicht auffällt oder im Alltag lästig wird. Keinesfalls soll dies jedoch bedeuten, dass der Hund den ganzen Tag seinen Platz nicht verlassen darf oder stundenlang angebunden oder in einer Box warten muss.

01 – 02 Sowohl unter Sicherheitsaspekten als auch unter praktischen Gesichtspunkten ist es wichtig, dass der Hund lernt zu warten und nicht vor dem Menschen auf die Terrasse oder aus der Haustür stürmt.

03 Wenn der Hund lernt, geduldig die Mahlzeiten abzuwarten, kommt der Mensch nicht auf die Idee, ihm Essen vom Tisch zu geben.

04 Der Hund sollte lernen, seinen Platz auf Kommando hin aufzusuchen und auch dort zu bleiben.

02

03

04

BEISPIELE FÜR DEN SINNVOLLEN EINSATZ VON TABUZONEN

— Der Hund darf während der menschlichen Mahlzeiten nicht unter dem Tisch liegen.
— Er darf eventuell bestimmte Räume nicht betreten, z. B. Küche, Kinderzimmer.
— Sofa, Bett etc. sind tabu und dem Menschen vorbehalten.
— Bestimmte Plätze (Garten, Balkon etc.) dürfen nur auf Aufforderung des Menschen betreten werden.
— Während der Mensch sich zum Spaziergang rüstet, darf der Hund sich nicht im Eingangsbereich aufhalten, sondern muss z. B. an seinem Platz warten etc.

UMWELTSOZIALISATION

DIE ERSTEN LEBENSMONATE

Ihr Hund ist nie wieder so neugierig und „mutig“ wie im Welpenalter. Er wird fremden Reizen und Situationen nie wieder so offen und unbefangen gegenübertreten wie in seinen ersten Lebensmonaten. Was der Welpe in diesem Alter kennenlernt, ist für ihn normal und ungefährlich. Verpassen Sie diese wichtige Phase und ziehen Ihren Welpen z. B. ausschließlich in einer ruhigen Wohngegend mit Spaziergängen in Wald und Flur groß, kann es sein, dass er als erwachsener oder halb erwachsener Hund in jeder fremden Situation mit Aggression oder Angst bis hin zur Panik reagiert. Je früher mit der Umweltsozialisation begonnen wird, desto leichter und stressfreier verkraftet der Welpe neue und ungewohnte Situationen.

WAS MUSS DER HUND LERNEN?

„Mein Hund muss aber nie mit in die Stadt!“ Solche Einwände sind öfter zu hören. Viele Welpenbesitzer sind bei einigen der genannten Punkte der Meinung, dass ihr Hund nie in diese Situation kommen wird, weil sie z. B. nie Zug fahren oder den Hund nie mit in eine Großstadt nehmen werden. Das können Sie aber mit den besten Vorsätzen nicht garantieren. Als Welpenbesitzer tragen Sie die Verantwortung für die sensibelste Phase im Leben eines Hundes und müssen ihn an alle nur erdenklichen Situationen gewöhnen. Ihre Lebensumstände können sich ändern, und möglicherweise muss der Hund sogar irgendwann einmal den Besitzer wechseln. Was ist, wenn er von Ihrem idyllischen Dorf in eine Großstadt umziehen muss? Jetzt muss er Bahn, Bus, Straßenbahn und Großstadtverkehr ertragen. Ein Hund, der dann in Panik verfällt, jedesmal in große Angst gerät, muss schnell den nächsten Besitzerwechsel durchmachen.

01

02

03

NICHT ÜBERFORDERN!

Bei aller Notwendigkeit der Umweltsozialisation sollte der Welpe natürlich nicht überfordert werden. Kurze Gewöhnungszeiten von etwa 15 bis 20 Minuten sind in der Regel ausreichend. Der Welpe sollte nicht gestresst werden, sondern behutsam immer wieder verschiedenen Situationen ausgesetzt werden. Keinesfalls dürfen mehrere Situationen hintereinander „abgespult" werden, damit der Welpe nicht reizüberflutet wird.

RUHE UND GELASSENHEIT AUSSTRAHLEN

Der Welpe sollte nicht auf ungewöhnliche Umstände etc. aufmerksam gemacht werden, z. B. „Schau, da kommt ein Jogger, ja, schau!". Vermitteln Sie Ihrem Hund nicht, dass jetzt etwas Ungewöhnliches passiert, sondern versuchen Sie, möglichst viel Ruhe und Gelassenheit auszustrahlen. Stimmungsübertragung ist hier ein wichtiges Hilfsmittel. Mit den Situationen, die auf den folgenden Seiten geschildert werden, sollten Sie Ihren Welpen in den nächsten Wochen möglichst oft konfrontieren.

04

UMWELTSOZIALISATION

Von Umweltsozialisation kann man tatsächlich nur in den ersten 16 bis maximal 20 Lebenswochen sprechen. Daher muss diese Phase optimal zur Gewöhnung an Umweltreize genutzt werden, was vielen Welpenbesitzern häufig nicht klar ist. Einer Kundin, die ihren einjährigen, nervösen, schlecht sozialisierten Rüden „jetzt mal mit in die Stadt nehmen wollte, damit er sich endlich daran gewöhnt und dort nicht mehr so an der Leine zieht", war leider nur noch bescheidener Erfolg beschert.

05

01 *Ist der Mensch gelassen und entspannt, dann kann man sich beruhigt ablegen.*

02 *Alles am Bahnhof ist neu und spannend und sollte auch begutachtet werden dürfen.*

03 *Wenn es zu viel, zu groß, oder zu laut wird, darf der Welpe Zuflucht bei seinem Menschen nehmen.*

04 – 05 *Häufiges Bestätigen und eine motivierende Stimme helfen bei der beeindruckenden Treppe.*

 UMWELTSOZIALISATION

WAS?	WIE?	WIE OFT?
FREMDE MENSCHEN	Der Welpe sollte möglichst viele fremde, freundliche Menschen unter Kontrolle des Besitzers kennenlernen. Die Familie und ein, zwei Nachbarn reichen bei Weitem nicht aus! Wenn Sie keine eigenen oder bereits größere Kinder haben, achten Sie darauf, dass der Welpe auch Babys, Krabbel- und Kleinkinder kennenlernt sowie schreiende und rennende Kinder (am Kindergarten und Schulhof spazieren gehen). Ermöglichen Sie mehrmals wöchentlich kurze Kontakte. Es ist übrigens völlig normal, dass ein Welpe jeden Menschen überschäumend begrüßt. Diese Begeisterung legt sich mit zunehmendem Alter und hat mit eineinhalb Jahren in der Regel ein normales Maß erreicht.	Mehrmals wöchentlich kurze Kontakte.
IMPULS-KONTROLLE UND FRUSTRATIONS-TOLERANZ	Auch einschränkende und langweilige Situationen sollten in diesem Alter geübt werden. Halten Sie Ihren Welpen sanft fest und irgnorieren Sie etwaige Zappel- oder Befreiungsversuche. Erst wenn er sich einen Moment ganz ruhig verhält, setzen Sie ihn wieder ab. Innerhalb der Wohnung kann man auch jetzt schon Einschränkungen setzen, wie z. B. Anbinden üben und den Welpen beispielsweise nicht mit ins Bad nehmen.	Täglich.
JOGGER, RADFAHRER	Jeder Ansatz zum Hinterherspringen oder Anbellen sollte unterbunden werden (auf Schleppleine treten).	Mehrmals wöchentlich.
TIERARZT/ TIERÄRZTIN	Achten Sie darauf, dass die Tierarztbesuche möglichst positiv besetzt werden. Dies ist natürlich sehr schwierig, da der Hund in der Regel eine Spritze bekommt oder sonstige unangenehme Behandlungen über sich ergehen lassen muss. Für einen ersten Besuch ist es daher sinnvoller, einen reinen Vorstellungstermin zu vereinbaren. Nehmen Sie besonders gute Leckerchen mit, setzen Sie den Welpen einmal auf den Behandlungstisch und lassen Sie ihn in Ruhe schauen. Lassen Sie keinen Kontakt mit womöglich kranken Hunden im Wartezimmer zu, der Welpe soll in Ruhe bei Ihnen warten. Lassen Sie sich auch wichtige Punkte der Körperkontrolle zeigen und wie man dem Welpen eine Tablette verabreicht.	Der erste Besuch sollte ein reiner Kontrollbesuch sein, verbunden mit Leckerchen, ohne Behandlung und ohne Spritze. Sprechen Sie dies mit Ihrem Tierarzt vorher entsprechend ab.

WAS?	WIE?	WIE OFT?
KÖRPER-KONTROLLE/ PFLEGE	Der Welpe muss sich überall anfassen lassen, auch an den Geschlechtsteilen und Augen (Unterlid leicht herunterziehen, lassen Sie es sich vom Tierarzt zeigen). Üben Sie Zahn- und Pfotenkontrolle. Auch kurzhaarige Rassen sollten das Bürsten kennenlernen. Mittel- und langhaarige Rassen müssen intensiv daran gewöhnt werden, dass es auch einmal ziepen kann. Rassen, die später getrimmt und/oder geschoren werden sollen, sollten jetzt einen mit positiven Erfahrungen besetzten Besuch im Hundesalon machen. Die Gewöhnung an das Geräusch der Schermaschine, besonders im Kopfbereich, sollte ebenfalls jetzt erfolgen. Egal, in welcher Jahreszeit Sie Ihren Welpen aufziehen, er muss lernen, sich die Pfoten waschen und abtrocknen zu lassen. Im Sommer sollten Sie ihn zusätzlich einmal baden (ohne Shampoo oder mit Hundeshampoo). Üben Sie so oft und so lange, bis Ihr Welpe alles akzeptiert.	So oft und so lange, bis der Welpe alles akzeptiert.
BRIEFTRÄGER/IN	Machen Sie Ihren Hund mit dem Briefträger bekannt. Wenn möglich, sollte er dem Hund öfter einmal ein Leckerchen geben.	Zu Beginn täglich.
HUNDE-BEGEGNUNGEN	Viel Hundekontakt bedeutet Hunde aller Altersstufen! Besonders wichtig ist der regelmäßige Kontakt zu gleichaltrigen Welpen und zu freundlichen und gut sozialisierten älteren Hunden. Der Besuch einer gut geführten Welpenspielgruppe ist unerlässlich! Drei oder vier Nachbarshunde reichen nicht aus. Bitte warten Sie mit dem Besuch einer guten Welpenspielgruppe nicht, bis der volle Impfschutz greift. Dies ist nämlich erst ca. ab der 14. Woche der Fall, und damit haben Sie die wichtigste Sozialisierungsphase verpasst! Das Risiko einer Ansteckung trifft Sie dagegen auch bei Spaziergängen, und die Gefahr einer Verhaltensstörung bei fehlenden Hundekontakten ist sehr groß.	Täglich Hundekontakt, mindestens einmal wöchentlich Kontakt zu Gleichaltrigen. Regelmäßige – mindestens wöchentliche – Teilnahme an einer kontrollierten Welpenspielgruppe ist ein Muss!
TIERE	Folgende Tierarten soll Ihr Welpe kennen lernen und als normal hinnehmen: Katzen; Kühe; Pferde; Schafe; Ziegen etc.; kleine Haustiere wie Kaninchen, Meerschweinchen (eventuell bei Nachbarn besuchen); Vögel (Tauben, Enten, Schwäne etc.); Wild, z. B. Rehe, Hasen, Wildschweine. Manche Tierparks erlauben auch das Mitbringen von Hunden.	So oft, bis der Welpe diese Tiere nicht mehr als etwas Besonderes empfindet! Achtung, muss in jeder Entwicklungsstufe getestet werden (alle zwei bis drei Wochen).

WAS?	WIE?	WIE OFT?
VERKEHR	Ihr Welpe muss sich sowohl bei ruhigem als auch bei starkem und schnellem Verkehr sicher fühlen. Gehen Sie nicht nur in Ihrem Wohngebiet, sondern auch an belebten Straßen spazieren, ruhig auch öfter einmal an einer Schnellstraße. Vergessen Sie dabei nicht, ihn auch mit großen Lastwagen, Baumaschinen, Treckern, Müllautos und Straßenkehrmaschine zu konfrontieren.	Dreimal wöchentlich, ca. 10 Minuten.
GERÄUSCHQUELLEN, SCHRECKREIZE	Machen Sie Ihren Welpen vertraut mit Knall (Luftballons platzen lassen, dickes Buch fallen lassen o. Ä.), Staubsauger, Haushaltsmaschinen etc.	So oft wie nötig, behutsam anfangen und nur langsam steigern.
BUS FAHREN	Fahren Sie Bus mit dem Welpen. Ganz kleine Welpen nehmen Sie auf den Arm, Junghunde können angeleint schon selbstständig ein- und aussteigen.	Zweimal monatlich.
BAHNHOF, ZUG FAHREN	Setzen Sie sich an den Bahnsteig und bleiben Sie so lange, bis der Welpe ein- und ausfahrende Züge relativ gelassen hinnimmt (beim ersten Mal viel Zeit mitbringen!). Bewältigt der Welpe diese Situation ohne Angst, unternehmen Sie eine kleine Zugfahrt.	Zweimal monatlich eine oder zwei kurze Bahnfahrten, beim ängstlichen Hund öfter.
AUTO FAHREN	Gewöhnung siehe entsprechendes Kapitel (S. 183).	Täglich.
GRÖSSERE MENSCHENMENGEN, Z. B. FUSSGÄNGERZONE, MARKTPLATZ	Besuch einer Fußgängerzone. Setzen Sie sich einfach hin und lassen Sie Ihren Hund staunen. Passen Sie auf, dass der Welpe nicht getreten oder angerempelt wird. Er soll positive Erfahrungen sammeln und nicht negative! Nehmen Sie ihn notfalls auf den Arm, wenn das Gedränge zu groß wird.	Mindestens zweimal wöchentlich, ca. 15 bis 20 Minuten.
BRÜCKEN	Benutzen Sie so oft kleine und große Brücken, bis der Welpe völlig gelassen bleibt. Achten Sie darauf, dass Sie verschiedene Brücken aufsuchen: Fußgängerbrücken, breite, lange, kurze Brücken über Bäche, Flüsse und Autobahnen.	Wöchentlich.
AUFZÜGE	Achten Sie auf verschiedene Aufzüge: mit und ohne Glaswände. Kann gut beim Stadtbesuch geübt werden (Parkhaus).	Wöchentlich.
EINKAUFSZENTRUM, FLUGHAFEN	Diese Orte stellen eine völlig andere Umgebung dar: glatter Boden, viele Menschen, künstliches Licht, ungewohnte Geräusche und Gerüche etc.	Mehrmals in der Aufzuchtphase.

WAS?	WIE?	WIE OFT?
VERSCHIEDENE BÖDEN UND TREPPEN	Glatte und raue Böden, Gitterroste (sehr schwierig!). Welpen sollten während der ersten Lebensmonate nicht zu viele Treppen laufen, um Gelenkerkrankungen durch Überbeanspruchung vorzubeugen. Trotzdem soll der Welpe verschiedene Treppen (glatte, raue, offene usw.) kennenlernen und bewältigen. Üben Sie so oft wie nötig, und helfen Sie zur Not mit Leckerchen und viel Lob nach. Rolltreppen jedoch sind zu gefährlich. Welpen oder Hunde kleiner Rassen können Sie auf den Arm nehmen. Mit großen Hunden oder großen Welpen müssen Sie einen Umweg in Kauf nehmen. Die Gefahr, dass der Hund sich eine Pfote oder Kralle klemmt, ist zu groß.	So oft wie nötig.
RÄUMLICHES SEHEN UND KÖRPERLICHE GESCHICKLICHKEIT	Klettern, Balancieren, kleine Hindernisse erkennen und überwinden. Wichtig zur motorischen Tüchtigkeit und der Entwicklung des dreidimensionalen Sehens.	Mehrmals wöchentlich.
RESTAURANT-BESUCH	Machen Sie zuerst einen kleinen Spaziergang, damit der Welpe müde ist, und suchen Sie dann eine Gaststätte auf. Der Welpe kommt unter den Tisch, stellen Sie den Fuß auf die Leine, damit er nicht herumlaufen kann, und ignorieren Sie jegliches Gejammer. Verhält der Welpe sich ruhig, können Sie ihn loben, aber nicht zu aufmunternd!	Mehrmals, zu Beginn nicht zu lange.
JAHRMARKT, VOLKSFEST	Dieses außerordentliche Ereignis sollten Sie Ihrem Hund nur zumuten, wenn Ihr Welpe noch so klein ist, dass Sie ihn auf dem Arm tragen können.	
FÄHRE	Haben Sie eine Fähre in erreichbarer Nähe, nutzen Sie auch diese Möglichkeit. Selbstverständlich hat das nur einen Effekt, wenn Sie mit dem Welpen auf der Fähre auch aussteigen dürfen; eine reine Autofähre bringt nichts.	
GEWÖHNUNG AN WASSER	Fangen Sie mit kleinen Bächen an und gehen Sie mit gutem Beispiel voran. Zwingen Sie Ihren Hund nie, sondern locken Sie ihn notfalls mit Trockenfisch oder anderen attraktiven Leckerchen, spielen Sie am Ufer oder setzen Sie sich einfach lange Zeit daneben. Begeisterte „Wasserhunde" als Vorbild können eine Hilfe sein. Gewöhnen Sie den Hund langsam an größere Bäche und Seen, schwimmen Sie voran! Winterwelpen sollten zumindest an kleinere Bäche gewöhnt werden und so bald wie möglich an größere Gewässer.	So oft wie möglich.
DUNKELHEIT	Begegnungen mit fremden Menschen, Hunden und Verkehr müssen auch in der Dunkelheit geübt werden, und zwar so oft wie nötig.	So oft wie nötig.

ÄNGSTLICHE HUNDE

Reagiert Ihr Hund in irgendeiner Situation ängstlich oder auch nur zurückhaltend, dürfen Sie auf keinen Fall beruhigend auf ihn einreden oder ihn streicheln.

Trösten oder Unterstützen? Leider kommt der gut gemeinte Inhalt Ihrer Worte bei dem verängstigten Welpen nicht an, sondern nur der mitleidige und bedauernde Tonfall. Was erreichen Sie damit? Genau das Gegenteil von dem, was Sie mit Tröstungsversuchen wollten: Der Hund fühlt sich für seine Ängstlichkeit gelobt und verstärkt das Verhalten nun möglicherweise. Natürlich dürfen Sie dem Hund in schwierigen Situationen Nähe bieten: Er darf eng neben Ihnen sitzen oder umarmt werden. Bleiben Sie ganz ruhig und versuchen Sie, eine möglichst große Gelassenheit auszustrahlen.

Vermitteln Sie Ihrem Hund als Vorbild das Gefühl: Es ist alles in Ordnung! Grundsatz: Nähe und Geborgenheit bieten, aber nicht mitleidig oder bedauernd sein.

Bleiben Sie so lange stehen, bis Ihr Hund sich entspannt und eventuell sogar neugierig wird. Ist Ihr Welpe generell sehr ängstlich, nehmen Sie ihn vor Betreten der Situation auf den Arm. Verlassen Sie die Situation nicht, solange Ihr Welpe noch Angst hat. Nehmen Sie sich Zeit, bis er sich wenigstens halbwegs entspannt hat.
Je jünger der Welpe ist, desto eher akzeptiert er fremde und ungewöhnliche Situationen. Der acht Wochen alte Welpe marschiert noch staunend überall hin. Beim 16 Wochen alten Hund kann dies schon ganz anders aussehen, wenn er bis dahin keine Gelegenheit hatte, neue Dinge kennenzulernen.

Bis zur 16. Woche ist das Kennenlernen anderer Rassen besonders wichtig und der Umgang unkompliziert.

Tunnel, Hundepool, Bällchenbad …

… das sollte der Welpe alles einmal gesehen haben.

WELPENSPIELGRUPPEN – EIN MUSS!

Der Besuch einer guten Welpenspielgruppe ist ein Muss! Bitte lassen Sie sich nach dem ersten Besuch einer kontrollierten Welpenspielgruppe nicht von weiteren Besuchen abhalten, wenn der Welpe möglicherweise nur ängstlich zwischen Ihren Beinen sitzt. Dies kann besonders dann auftreten, wenn seit der Trennung von der Geschwistergruppe schon zwei oder mehr Wochen vergangen sind. Bei regelmäßigen Besuchen wird sich diese Unsicherheit schnell legen. Voraussetzung ist allerdings, dass es sich um eine gute und kontrollierte Welpenspielgruppe handelt. Keinesfalls dürfen rüpelige Junghunde in eine Welpengruppe integriert sein. Leider schwankt die Qualität von Welpengruppen extrem. Wenn irgend möglich, besuchen Sie die Welpengruppe bereits, bevor Ihr Welpe bei Ihnen einzieht, damit Sie sich unabgelenkt ein Bild machen können. Sich streiten lernen, gewinnen und verlieren gehören zur normalen Entwicklung eines Welpen, verängstigt werden nicht. Gruppen sollten nach Alter, Temperament und psychischer Konstituion eingeteilt sein, Trainer sollten jederzeit begründen können, wann und warum sie evtl. eingreifen.

WELPENSPIELSTUNDE
— *und Welpenerziehung*

01

SPIELSTUNDEN

Bei der Auswahl der richtigen Spielstunde bzw. Hundeschule für Ihren Welpen sollte Sie auf folgende Punkte achten:

Welpenspielstunden sollten sich nicht auf ein bloßes Übereinanderherkullern der Welpen beschränken; theoretische Erklärungen, Selbstsicherheitsspiele, Prägungsspiele etc. sollten selbstverständlich sein. Die Besitzer sollten von den Trainern ständig auf unbewusstes Fehlverhalten hingewiesen werden.

Die Spielstunden sind strengstens auf Welpen (je nach Rasse maximal 18. Woche) und eventuell wenige sozial wesensfeste erwachsene Hunde zu beschränken, auch die Teilnehmerzahl ist begrenzt. Mehr als 6 bis 7 Welpen pro Trainer dürfen nicht in einer Gruppe sein. Keinesfalls dürfen in der Welpenspielstunde halbstarke Junghunde ihre aufkommenden Kräfte an den Kleinen erproben. Vorsicht bei Welpenspielstunden, die unter dem Motto laufen: „Hunde machen prinzipiell alles unter sich aus und erziehen sich gegenseitig.“ Hunde sind keine wandelnden Therapeuten! Die Trainer greifen sehr wohl ein, wenn Welpen im Spiel über die Stränge schlagen.

01 Rangeleien gehören in der Welpenspielstunde dazu.

02 Die ersten Grundbegriffe werden vermittelt und geübt.

03 Übungen unter Ablenkung.

04 Aber Vorsicht: das alles ist ganz schön anstrengend.

02

03

04

WELPENERZIEHUNG

Diese sollte möglichst im Einzelunterricht stattfinden und die Grundlagen der Erziehung und Haltung vermitteln. Im Vordergrund steht theoretischer Unterricht und die Überprüfung des Vermittelten durch den Leiter.
Grundbegriffe werden spielerisch eingeübt, rasse- und altersspezifische Besonderheiten immer berücksichtigt.
Unterrichtsziel sollte sein: Lernen macht Spaß, und es lohnt sich, zu gehorchen! Im Welpenunterricht werden immer genügend Pausen eingelegt, die praktischen Einheiten sind auf wenige Minuten am Stück zu beschränken. Die Welpenspielstunde sollte integrativer Bestandteil der Welpenerziehung im Einzelunterricht sein.

DER WELPE UND SEIN SOZIALES UMFELD

BINDUNGSVORAUS-SETZUNGEN

BINDUNG UND GEHORSAM

Der Hund benötigt ein konstantes Umfeld, um eine vernünftige Bindung zum Menschen aufzubauen. Dies bedeutet, dass es im Tagesablauf des jungen Tieres möglichst keine ständigen personellen Wechsel geben sollte. Wichtig ist hierbei für den Hund die Durchschaubarkeit der Situation:

Ist er beispielsweise einmal in der Woche bei einer Fremdbetreuung, dann wird er sich daran schnell gewöhnen. Wenn sich die „Babysitter" dann noch an dieselben Regeln halten wie die Besitzer, können negative Folgen ausbleiben. Schwierig wird es, wenn der Hund mehrmals wöchentlich die Betreuung wechseln muss, z. B. montags bei der „Oma", dienstags bei der Freundin und donnerstags in der Hundetagesstätte. Wird der Welpe so – besonders folgenschwer ist dies während der Sozialisierungsphase – mit ständig wechselnden Bezugspersonen konfrontiert, wird sich seine Bindungsfähigkeit mit sehr hoher Wahrscheinlichkeit enorm verschlechtern. Ausgesprochen fatal ist eine mehrtägige oder gar mehrwöchige Abgabe aufgrund von Urlaubsreisen ö. Ä.

Möglichst kein ständiger Wechsel der Bezugspersonen bis zum Ende der Junghundphase

Stellt sich die Betreuungssituation für den Hundebesitzer so schwierig dar, ist eine feste Betreuung bei *einer Person* oder *Institution* das kleinere Übel.

Bedenken Sie immer, dass die Voraussetzung für eine vernünftige Gehorsamsbereitschaft eine solide Bindung ist. Im Allgemeinen bekommt man als Besitzer die Folgen eines regelmäßigen Bezugspersonenwechsels erst während der Pubertät oder danach zu spüren: Der Hund zeigt völliges Desinteresse an seinen Besitzern, ist dabei aber durchaus freundlich zu anderen Menschen. Jegliche Motivations- oder Aufmerksamkeitsübungen gestalten sich schwierig, der Hund ist nicht bereit, seinen Menschen mehr als die allernötigste Aufmerksamkeit zu schenken.

Diese Sozialisierungsmängel sind schwierig auszugleichen. Musste der Welpe mit mehreren Wechseln der Bezugspersonen zurechtkommen, so ist ein schlechter Start in die Mensch-Hund-Beziehung fast vorprogrammiert. Ganz abgesehen davon, dass bei so wenig Zeit für den Hund alle weiteren wichtigen Aspekte wie gemeinsames Spiel und Training schnell vernachlässigt werden.

WELPENSCHUTZ

Die Behauptung, Welpen genießen bei anderen Hunden immer und in jeder Situation „Welpenschutz“, ist so allgemein leider nicht zutreffend. Sicher gibt es einen Welpenschutz, aber dieser gilt nur für Welpen des eigenen Rudels. Für fremde Welpen gilt dieser nur sehr eingeschränkt oder gar nicht. Die meisten Hunde sind zwar mit Welpen, auch fremden, sehr gutmütig, aber verlassen sollten Sie sich darauf auf keinen Fall! Handelt es sich um eine erwachsene Hündin, so kann es durchaus vorkommen, dass diese sich fremden Welpen gegenüber völlig intolerant verhält. Treffen Sie also mit Ihrem Welpen auf erwachsene Hunde, fragen Sie den Besitzer, ob sein Hund mit Welpen freundlich ist. Lautet die Antwort: „Aber Welpen haben doch Welpenschutz“ oder „Weiß ich nicht“, dann lassen Sie eine Hundebegegnung nicht zu! Negative Erfahrungen mit anderen Hunden sollte Ihr Welpe nicht machen! Dies gilt natürlich nicht für kleinere Zurechtweisungen eines angemessen handelnden erwachsenen Hundes. Schulen Sie Ihre Beurteilungsgabe bei dem Besuch einer guten Welpengruppe oder lassen Sie sich von einem Trainer in entsprechenden Situationen begleiten und schulen. Der Spagat zwischen guter Sozialisierung und dem Vermeiden von schlechten Erfahrungen ist wirklich nicht einfach.

Fragen Sie bei Begegnungen mit erwachsenen Hunden lieber zuerst danach, welche „Einstellung“ sie zu Welpen haben.

Schon als kleiner Welpe kann dieser Labrador etwas, was er nur als jagdlich geführter Hund braucht: Vorstehen.

DIE UNTERDRÜCKUNG DES JAGDVERHALTENS BEIM WELPEN

Ob Ihr Hund ein „Jäger" wird oder nicht, kann von Ihnen entscheidend beeinflusst werden.
Die Bekämpfung eines einmal ausgeprägten Jagdverhaltens beim erwachsenen Hund erfordert mehrere Monate intensives Gehorsamstraining. Auch danach ist es für das restliche Hundeleben Gebot, wildreiche Gebiete zu meiden und somit Gefahrensituationen erst gar nicht entstehen zu lassen.
Beginnt man frühzeitig mit der Welpenerziehung, so kann man dieses Problem weitgehend in den Griff bekommen und erspart sich und dem Hund eine Menge Kummer, Ärger und Schmerzen und sogar vielleicht den vorzeitigen Tod durch den Jäger! Denn Jagdberechtigte dürfen wildernde Hunde erschießen.

Grundsätzlich ist dieses Kapitel in Einheit mit dem Kapitel „Kommen auf Zuruf" (Seite 85) zu sehen. Ohne die sorgfältige Beachtung und Anwendung der dort genannten Punkte lernt der Hund niemals, einen so starken Reiz wie flüchtendes Wild, streunende Katzen oder die niedlichen Enten auf Ihr Zurufen links liegen zu lassen. Übrigens zählt das Verfolgen von Joggern, Radfahrern etc. auch dazu. Ein wichtiger Baustein ist neben dem Kommen auch das Erlernen einer hohen Frustrationstoleranz und Impulskontrolle (Seite 154). Der Grundstein wird in der Welpenzeit gelegt. Unterschätzen Sie nicht den Einfluss der ersten Erlebnisse: Blätter oder Schmetterlinge jagen, Joggern hinterherhopsen und immer „alles dürfen".

Der Nachwuchs beim ursprünglichen „Labrador-Job“:

… dem Apportieren von Federvieh.

SELBSTBELOHNENDES VERHALTEN

Zum Verständnis erläutern wir zunächst die Sicht des Hundes: Was empfindet er, wenn er jagt? Warum ist es so schwer, ihn davon zu überzeugen, dass es nur zu seinem eigenen Wohl ist, von der Jagd abzulassen? Die Anwort ist ganz einfach: Jagen macht Spaß und ist außerdem eine der ursprünglichsten Eigenschaften der Caniden. Und die Belohnung liegt nicht erst im Ergreifen der Beute, schon die Verfolgung ist für den Hund so extrem lustvoll, dass sich diese Tat praktisch selbst belohnt. Denken Sie an sich selbst und an die Dinge, die Ihnen Spaß machen. In der Regel liegt der Lustgewinn schon in der Handlung selbst und nicht erst im Ergebnis. Darüber hinaus fürchtet sich das flüchtende Objekt. Dies wirkt zusätzlich verstärkend, denn der Hund hat hier bestens Gelegenheit, sich seiner eigenen Stärke bewusst zu werden.

Was hier vor sich geht, ist ein Lernprozess, wie er im Buche steht. In der Lernpsychologie macht man sich dies schon eine ganze Weile zunutze. Lernmethoden, die ausschließlich auf Schmerz und Unlustgefühlen basieren, haben ausgedient. Leider beschert uns dieser Mechanismus, dass Verhalten durch Lustgewinn besonders gut erlernt oder gefestigt wird, hier einen Effekt, der so gar nicht wünschenswert ist. Was also tun?

ABHILFE SCHAFFEN

Konsequentes Verfolgen aller Erziehungsübungen sowie deren schrittweise Überführung in den tagtäglichen Umgang, souveräner Umgang mit dem Hund in puncto Manipulationsverhalten und Konsequenz im Alltag müssen sein, um die anspruchsvolle Aufgabe, den Beutegreifer Hund in seinem Jagdverhalten kontrollieren zu können, zu bewältigen. Es finden sich immer wieder Kunden, die der Meinung sind, ihr Hund „solle doch nur kommen, wenn er gerufen werde, alles andere sei überflüssiger Schnickschnack“. Können Sie sich vorstellen, dass ein Hund, der noch nicht einmal einfache Dinge wie „Sitz“, „Geh weg“, „Platz“ etc. zuverlässig in allen Lebenslagen befolgt, genügend Respekt für seinen Menschen aufbringt, um diesem zuliebe von einem verschreckten Hasen abzulassen? Eine rhetorische Frage!

GEHEN SIE IN EINEN WILDPARK

Was kann sonst noch getan werden? Suchen Sie des Weiteren mit Ihrem Vierbeiner während der ersten sechs Lebensmonate regelmäßig einen Wildpark auf. Es gibt dort die Gelegenheit, den angeleinten Hund mit sich zu führen. Während der so wichtigen Lernphase der ersten Lebenswochen des Hundes kann er hier den Geruch und das Äußere von Wild als etwas Selbstverständliches kennenlernen, und zumindest diese Äußerlichkeiten werden bestensfalls später auf ihn keinen Eindruck mehr machen. „Regelmäßig" bedeutet dabei aber keinesfalls einmal in sechs Monaten. Optimal wäre jede Woche, mindestens jedoch zweimal im Monat sollten Sie mit Ihrem Hund üben. Ein weiterer Punkt, der den Hund hierbei positiv beeinflussen kann, besteht darin, dass das Wild im eingezäunten Park an den Menschen gewöhnt ist und in der Regel nicht flüchtet.

Fixieren und angespannte Körperhaltung…

Dem Bewegungsreiz widerstehen lernen – zuerst mit dem Fuß auf der Leine

Der Hund lernt so im positiven Fall, dass diese Tiere zu seiner Umwelt gehören. Doch das Wichtige dabei ist, dass dies das erste Lernerlebnis ist, das der Hund mit Wild hat.

KEIN AUFHEBEN UM WILD MACHEN

Achten Sie beim ersten Besuch im Wildpark darauf, dass Sie selbst um das Wild keinerlei Aufheben machen. Keinesfalls sollten Sie Ihren Hund auf die Tiere aufmerksam machen, um ihn an deren Anblick zu gewöhnen. Lernprozesse sind eine komplexe Sache. Womöglich versteht Ihr Hund Sie falsch und betrachtet Ihren gut gemeinten Hinweis als Aufforderung, sich frech und aufdringlich zu nähern, und schon haben Sie eine ungewünschte Verknüpfung.

ABSTAND HALTEN

Halten Sie beim ersten Besuch genügend Abstand. Ist Ihr Hund sehr erregt aufgrund des Wildes,

... wenn der Hund jetzt auf Ansprache reagiert, war das Training schon erfolgreich.

gehen Sie so weit auf Abstand zu den Tieren, bis Ihr Hund sich neutral verhält. Hierbei müssen Sie ihn genau beobachten: Erlauben Sie nur den Abstand zum Wild, der den Hund ausgeglichen bleiben lässt.

Führen Sie den Hund bei Ihrem ersten Besuch an der Leine am Gehege vorbei und beachten Sie das Wild möglichst wenig. Achten Sie auf Ihre Entfernung zum Gehege und darauf, dass sich Ihr Welpe in dieser Entfernung neutral und gelassen verhält.

ÜBUNGEN IN DEN WILDPARK VERLEGEN

Bei den folgenden Besuchen können Sie zusätzlich die Erziehungsübungen, die Sie ohnehin regelmäßig mit Ihrem Welpen durchführen, in den Wildpark verlegen. Wichtig hierfür ist, dass der Hund äußerlich gelassen wirkt und sich auf Sie fixieren lässt. Loben Sie den Hund so intensiv wie möglich. Gestalten Sie das Belohnungsspiel so lustvoll wie möglich!

Sollte Ihr junger Hund so stark erregt sein, dass er sich nur sehr schwer oder gar nicht auf Sie fixieren lassen möchte, sind Sondermaßnahmen angesagt. Versuchen Sie es mit Katzenfutter, um den Hund abzulenken und seine Konzentration auf sich zu ziehen. Vergrößern Sie gleichzeitig den Abstand zum Wildgehege noch weiter. Falls diese Maßnahmen alle nichts nützen, sollten Sie sich schnellstmöglich professionelle Hilfe holen. Erschrecken Sie nicht, solch ein Verhalten ist nicht sehr wahrscheinlich, sofern Sie diese Besuche sofort nach der Übernahme des Welpen (also in der Regel mit der 8. bis 12. Lebenswoche) aufnehmen. Aber nicht nur im Wildpark, sondern selbstverständlich in vielen Alltagssituationen sollte das Antijagd-Training stattfinden: an Viehweiden, im Park, bei Nachbars Federvieh etc.

Schon beim ersten Anblick von Wild ist voller Einsatz gefragt: Bewegung, Stimme, Leckerchen.

JAGDVERHALTEN IM ALLTAG ABGEWÖHNEN

Weg vom Wildpark, hin zum Alltag. Sie haben die Möglichkeit, hier durch entsprechendes Verhalten großen Einfluss auf die eventuelle „Jägerkarriere" Ihres Vierbeiners zu nehmen. Hierzu benötigen Sie lediglich Ihre Schleppleine, einen Futterbeutel, gemischt mit verschiedenen, auch besonders attraktiven Leckerchen, je nach Hundetyp eventuell Spielzeug, und last but not least Zeit und guten Willen. Beobachten Sie Ihren Welpen genau. Kaum ein Junghund, der gestern noch ganz neutral auf Wild reagiert hat, stürzt sich morgen kläffend auf eine Katze o. Ä. Dies gilt übrigens auch für Radfahrer, Jogger etc.

FIXIEREN IST DER ERSTE SCHRITT ZUR JAGD

Schon das genaue Fixieren, z. B. einer Ente, eines Hasen oder sonstiger potenzieller Jagdopfer (i. d. R. ab dem 4. bis 5. Monat möglich, jedoch rassespezifisch verschieden) ist als Vorbote zu betrachten und entsprechend ernstzunehmen. In dieser Phase gilt es zu handeln. Seien Sie stets auf der Hut und rechnen Sie täglich damit, dass heute der erste Tag ist, an dem Ihr junger Hund realisiert, dass es für ihn als Beutegreifer eine Menge Attraktives auf der Welt gibt.
Sie sind nun also gewappnet und mit dem Hund auf einem Spaziergang, die Schleppleine halten Sie locker in der Hand. In dem Moment – und keine Sekunde später –, in dem Ihr Vierbeiner das

Die Belohnung für Abkehr vom Wild …

… ist besonders attraktiv.

Wild auch nur registriert, sprich anschaut, kommt Ihr Einsatz! Mit der Schleppleine in der Hand drehen Sie sich auf dem Absatz um und laufen unter vollem Einsatz Ihrer attraktiven Stimme in die andere Richtung: Rufen Sie den Hund so freudig erregt wie nur irgend möglich (das geht auch ohne Jodeldiplom!), damit für diesen die Vorstellung, dass etwas auf der Welt existieren könnte, das interessanter ist als Ihre Person, völlig ausgeschlossen ist. Wichtig dabei ist, dass Sie sich schnell bewegen und nicht mit der Leine in der Hand erstarren. Die Bewegung in Verbindung mit der großen Freude in Ihrer Stimme (stellen Sie sich vor, Sie würden gerade von einem Lottogewinn erfahren, dann treffen Sie den richtigen Ton) wird den Hund motivieren, schnell zu Ihnen zu kommen. Bedenken Sie immer die Kraft der Stimmungsübertragung, ein gelangweiltes Rufen provoziert ein gelangweiltes Kommen, sofern es überhaupt etwas provoziert außer Ignoranz. Zurück zur Übung: Ihr Hund läuft fröhlich hinter Ihnen her, da ihn Ihre freudig begeisterte Stimme, gepaart mit dem schnellen Laufen, davon überzeugt hat, dass bei Ihnen nun etwas stattfindet, was seine geweckten Erwartungen voll und ganz bestätigt. Und genau diese Bestätigung muss nun stattfinden. Ein mittelfreundliches „So ist's brav!" gepaart mit einem halben Keks ist für diese Situation nicht ausreichend. Angemessen sind nun Sondermaßnahmen: Jackpot (eine ganze Handvoll Leckerchen), Futtersuchspiel mit Action und viel Bewegung oder – sofern an einen ballbegeisterten Hund hat – ein tolles Spiel. Der ganze Aufwand dient dazu, den Hund zu überzeugen, dass es in jedem Fall lohnender ist, zu Ihnen zu kommen, weil es dort so unvergleichlich interessanter ist.
Richtig, d. h. mit vollem emotionalen Einsatz und regelmäßig während der Sozialisierungsphase und auch später durchgeführt, ist diese Maßnahme eine der wichtigsten und effektivsten, um zu vermeiden, dass aus dem Hund ein passionierter Jäger wird, der seine eigenen Wege geht.

SELBSTBEHERRSCHUNG ÜBEN

Etwas so unattraktives wie Wartenlernen, Frust und Langeweile aushalten, gehören mit zu den wichtigsten Eigenschaften, die Sie bei Ihrem Hund fördern sollten, wenn Sie ihn auch aus herausfordernden Situationen erfolgreich abrufen möchten. Dazu mehr Seite 154.

„JAGDSITUATIONEN" ZUM ÜBEN

Die Phase, in der Ihr junger Hund beim Kontakt mit Wild nur fixiert, ist i. d. R. kurz. Deshalb müssen Sie jede Situation, in der Ihnen mit dem Welpen Wild begegnet, wie beschrieben ausnutzen, um einen dauerhaften Lernerfolg zu gewährleisten. Das bedeutet, dass Sie solche Situationen gezielt aufsuchen sollten, um überhaupt genügend Übungsmöglichkeiten zu haben.

SCHLAFPLATZ UND STUBENREINHEIT

DER SCHLAFPLATZ DES WELPEN

Der Schlafplatz des Welpen und erwachsenen Hundes sollte nach Möglichkeit das Schlafzimmer sein. Dies dient sowohl der Erziehung zur Stubenreinheit beim Welpen sowie der Bindungsförderung beim jungen und beim erwachsenen Hund.
Vielen Welpen bereiten die ersten Nächte ohne ihre Wurfgeschwister und ihre Mutter Angst und Unwohlsein, was nur natürlich ist, denn in freier Natur wären sie in diesem Alter allein kaum überlebensfähig.
Sollte Ihnen die Vorstellung vom Hund im Schlafzimmer nicht behagen, so ist es in jedem Fall lohnenswert, dieses Unbehagen zumindest in den ersten Wochen zu überwinden, bis der junge Hund genügend Bindung und Sicherheit aufgebaut hat und außerdem keine Probleme mehr mit der Stubenreinheit bestehen.
Zirka ab dem 8. Monat können Sie ihm dann immer noch einen Schlafplatz außerhalb des Schlafzimmers zuweisen. Sofern er zu diesem Zeitpunkt nicht bereits „Besitzer" von ausgedehnten Privilegien ist, wird er dies im Allgemeinen problemlos akzeptieren.
Auch auf einen erwachsenen Hund, der die räumliche Nähe zu seinem „Rudel" sicherlich als angenehm empfindet, muss sich die räumliche Trennung in der Nacht nicht negativ auswirken, wenn die Bindung zum Menschen ansonsten stimmt.
Bei Aggressionsproblemen mit erwachsenen oder heranwachsenden Hunden gelten in puncto Schlafplatz spezielle Regeln, die gemeinsam mit fachmännischer Hilfe erarbeitet werden sollten.

Richtig angewandt ist die Hundebox ein Multifunktions-Erziehungswerkzeug.

KISTE UND STUBENREINHEIT

Das wichtigste und praktischste Hilfsmittel bei der Erziehung zur Stubenreinheit ist eine „Kiste". Hierzu dient ein großer, stabiler Karton (z. B. vom Fernsehfachgeschäft), ein ausrangierter Kinderlaufstall oder am besten gleich eine Hundetransportbox aus dem Hundefachgeschäft. Kaufen Sie die Transportbox, die auch später im Urlaub sehr nützlich sein kann, für die Größe des ausgewachsenen Hundes. Der Einfachheit halber bezeichnen wir alle diese Hilfsmittel nun als „Kiste".
Die Kiste sollte so groß sein, dass der Welpe sich darin wohlfühlt und sich bequem hinlegen kann, aber nicht so groß, dass er darin „umherwandern" kann. Einen Laufstall müssen Sie also unter Umständen durch einen Pappkarton o. Ä. verkleinern. Sollten Sie bei einem älteren Hund Probleme mit der Stubenreinheit haben, dann können Sie nach einer unbedingt notwendigen tierärztlichen Untersuchung übrigens genauso vorgehen.

AB IN DIE HÖHLE!

Wozu nun alles? Die Kiste soll für den Welpen eine Art Höhle darstellen, in der er sich wohlfühlt. Beim ersten Mal sollte der Welpe müde und satt sein, wenn Sie ihn hineinsetzen. Natürlich legen Sie vorher eine kuschelige Decke und ein Kauspielzeug hinein. Haben Sie den richtigen Zeitpunkt abgepasst, wird sich der Welpe nach kurzer Zeit hinlegen und schlafen, und Sie haben Zeit, sich einmal um andere Dinge zu kümmern.

MACH SCHÖN!

Wenn der Welpe nun aufwacht, „muss" er dringend. Da Welpen aber nur in äußersten Notfällen ihr Lager (ihre Höhle) beschmutzen, wird er sich jammernd melden. Nun müssen Sie zur Stelle sein und ihn sofort an den gewählten Ort tragen, damit er sein Geschäft erledigen kann. Es ist sinnvoll, immer ein bestimmtes Wort zu wiederholen, wenn er sein Geschäft erledigt, z. B. „Mach schön". Welches Wort Sie wählen, ist egal, es muss nur immer dasselbe sein. Benutzen Sie dies regelmäßig, wird Ihr Hund es bald mit seinem Verhalten verknüpfen und kann später leicht dadurch animiert werden, nun sein Geschäft zu erledigen.

STELLEN SIE DIE KISTE NACHTS INS SCHLAFZIMMER

In die Kiste kommt der Welpe am besten auch nachts – in Ihrem Schlafzimmer! Für einen Welpen ist Alleinsein völlig artwidrig, und er steht

Sie dient als Rückzugsort, Schlafplatz und Hilfsmittel bei der Erziehung zur Stubenreinheit.

Todesängste aus. Alleinsein muss er erst lernen, aber bitte nicht nachts! Nur wenn Sie seine Kiste neben sich stehen haben, können Sie ihn hören und nachts hinausbringen, wenn er muss. Nach einigen Tagen ist er im Allgemeinen die ganze Nacht „trocken" und Sie können wieder durchschlafen, vorausgesetzt der letzte Gassigang erfolgt sehr spät (ca. 23:00 Uhr) und der erste morgens sehr früh.

DIE KISTE ALS LAUFSTALL

Setzen Sie die Kiste auch tagsüber ein, wenn Sie gerade nicht auf den Welpen aufpassen können, am besten nach einem Spaziergang oder einem Spiel, wenn der Welpe sowieso müde ist. Aber passen Sie auf: Jammert er, müssen Sie unterscheiden, ob er wirklich hinaus muss oder ob er sich nur langweilt. Sind Sie davon überzeugt, dass er nur keine Lust auf seine Kiste hat, muss er drinbleiben. Diese Unterscheidung ist sehr schwierig, aber vertrauen Sie auf Ihr Gefühl.
Selbstverständlich soll der Welpe nun nicht den größten Teil des Tages in seiner Kiste hocken. Vernachlässigen dürfen Sie Ihren Hund auf keinen Fall!

WENN EIN MALHEUR PASSIERT

Erwischen Sie Ihren Welpen im Haus „auf frischer Tat", d. h. er hockt sich gerade hin oder ist noch dabei, sagen Sie „Nein" („Nein" siehe auch Seite 112), nehmen ihn auf den Arm und gehen schnell nach draußen. Tragen Sie ihn, damit er nicht noch unterwegs etwas verliert. Draußen angekommen, setzen Sie ihn ab und versuchen ihn mit dem „Zauberwort" zu animieren. Loben Sie ihn, wenn es geklappt hat.
Entdecken Sie ein Missgeschick aber erst später, dürfen Sie keinesfalls schimpfen, und Tipps wie „Nase hineindrücken" sollten wirklich der Vergangenheit angehören! Auch wenn der Welpe im Moment des Schimpfens die Ohren hängen lässt und sehr nach schlechtem Gewissen aussieht, verstehen kann er Sie nicht! Er reagiert mit dem vermeintlich „schlechten Gewissen" lediglich auf Ihr Schimpfen und Ihren Ärger. Warum Sie ärgerlich sind, kann er nicht wissen. Ihnen bleibt nur übrig, das Malheur wegzuwischen (Essigwasser, damit die Stelle nicht mehr verlockend riecht) und in Zukunft besser aufzupassen.

Sobald sich der Welpe bemerkbar macht: ...

Schnell raus (tragen!) und loben, wenn es geklappt hat!

TRAININGSPLAN **STUBENREINHEIT**

SCHRITTE	WIE WIRD'S GEMACHT?	WO UND WIE OFT?	HILFE, ES KLAPPT NICHT!	LERNZIEL
01 Bis etwa zur 14. Woche	Das Erlernen einer zuverlässigen Stubenreinheit bedarf in dieser Phase ständiger Beaufsichtigung! Dabei helfen: Gewöhnung an Box, nächtlicher Schlafplatz im Schlafzimmer.	Im Haus. Beaufsichtigung rund um die Uhr! Im Wohnbereich. Im Schlafzimmer. Welpe sollte nachts immer im Schlafzimmer nächtigen.	Welpen besser beobachten, häufiger nach draußen gehen. Bei sehr häufigem Harndrang (Anhaltswert: öfter als alle 45 Minuten.) unbedingt beim Tierarzt eine evtl. Blasenentzündung abklären lassen.	Welpe lernt nicht, dass man auch ins Haus machen kann.
	Außerdem: Bei den geringsten Anzeichen von Unruhe muss der Welpe sofort nach draußen getragen werden. Darüber hinaus tagsüber mindestens alle ein bis zwei Stunden hinaustragen. Mit Hörzeichen „Mach Bächlein" o. Ä. animieren. Während des Lösens den Welpen loben.	Zum Lösen am besten immer an eine bestimmte Stelle tragen bzw. an eine Stelle mit demselben Untergrund (Gras, Wiese). Evtl. an eine feste „Toilettenecke" im Garten tragen. Immer bei Anzeichen von Unruhe bzw. alle ein bis zwei Stunden. Hörzeichen und Lob immer einsetzen. In den ersten Wochen immer an feste Plätze tragen.	Noch besser auf den immer gleichen Löse-Untergrund achten.	Welpe gewöhnt sich an einen regelmäßigen Rhythmus. Welpe gewöhnt sich an ein Löse-Hörzeichen. Welpe gewöhnt sich an einen bestimmten (geeigneten!) Löse-Untergrund.
	Löst der Welpe sich beim Spaziergang auf geeignetem Untergrund (Wiese, Feld, Wegrand), loben und mit Hörzeichen unterstützen.	Auf dem Spaziergang. Bei jeder Gelegenheit.		
02 Bis etwa zur 18. Woche	Welpen nicht mehr zum Lösen nach draußen tragen, sondern anleinen und rasch zur bereits bekannten Lösestelle laufen. Dort mit Löse-Hörzeichen animieren und während des Lösens loben, ebenfalls auf allen Spaziergängen auf geeignetem Untergrund.	An den bereits bekannten Stellen und auf jedem Spaziergang. Mindestens alle zwei bis drei Stunden nach draußen führen. Hörzeichen und Lob immer.	Welpe ist evtl. organisch noch nicht in der Lage, seine Blase zu kontrollieren oder hat noch zu oft Gelegenheit, sein Geschäft im Haus oder auf ungeeignetem Untergrund zu verrichten: Sich selbst zu mehr Konsequenz bei der Kontrolle erziehen, zurück zu Schritt 1.	Welpe läuft an der Leine mit seinem Menschen gezielt zur Lösestelle und „verliert" unterwegs nichts mehr. Welpe löst sich nur noch selten im Wohnbereich oder auf ungeeigneten Flächen. Welpe reagiert auf das Löse-Hörzeichen.
03 Bis etwa zur 30. Woche	Welpen anleinen und in Ruhe zum Löseplatz laufen, dort mit Löse-Hörzeichen animieren.	An den bereits bekannten Stellen und auf jedem Spaziergang.	Zurück zu Schritt 2.	Hund wird immer zuverlässiger stubenrein, sucht beim Spaziergang selbstständig einen geeigneten Untergrund, löst sich so gut wie nie auf ungeeigneten Flächen wie z. B. direkt auf der Straße.

DER WELPE AM FUTTERNAPF

Der Mensch sollte sich jederzeit dem Napf des Hundes nähern und diesen auch wegnehmen können; viele Hundebesitzer haben damit ein handfestes Problem. Futteraggressives Verhalten zu analysieren, ist eine diffizile Angelegenheit, häufig vermischen sich unterschiedliche Motivationsbereiche, immer muss der Hund mit seinem Gesamtverhalten betrachtet werden. Auch wenn es durchaus möglich ist, gegen den Menschen gerichtete Futteraggression bei erwachsenen Hunden mithilfe eines erfahrenen Hundetrainers in den Griff zu bekommen, muss es so weit erst gar nicht kommen.
In der älteren Literatur findet man häufig die Empfehlung, regelmäßig zu testen, ob der Welpe sich den Futternapf – gefüllt selbstverständlich – auch jederzeit abnehmen lässt und ihn, sofern er durch Knurren protestiert, entsprechend zu reglementieren bzw. zu bestrafen. In den letzten Jahren hat sich die Erkenntnis immer mehr durchgesetzt, dass nicht jeder am Futternapf knurrende Hund mit seinem Menschen eine „Dominanzdiskussion“ anstrebt. Angst, Stress und Nervosität sind hier als verhaltensauslösende Faktoren – zu Recht – immer mehr ins Blickfeld gerückt. Wir sind der Auffassung, dass man einem Welpen regelrecht eine Futteraggression anerziehen kann, sofern man unsensibel vorgeht. Dies gilt es zu vermeiden.

TRAININGSSCHRITTE

SCHRITT 1: FÜTTERN AUS DER HAND IN DER NÄHE DES NAPFES

Den Kriterien moderner Hundeerziehung entspricht es wesentlich mehr, den Menschen am Futternapf zunächst einmal aus der Sicht des Hundes positiv zu besetzen. Das bedeutet praktisch gesprochen Folgendes: Der Welpe soll lernen, dass die Hand des Menschen in Futternapfnähe durchweg etwas Positives darstellt, und so sollten Sie sich dem kleinen Kerl beim Fressen mit einem leckeren Stückchen Wurst o. Ä. in der Hand nähern und es ihm auf der Höhe des Futternapfes aus der Hand zu fressen geben, zunächst ohne den Napf wegzunehmen.

01

Angestrebt wird beim Welpen folgende Verknüpfung: Der Mensch am Futternapf hat positive Auswirkungen! Viele junge Hunde, insbesondere hypersensible, nervöse Tiere, die womöglich noch zu den Schwächeren im Wurf zählten und daher etwas kürzer kamen als die Geschwister, geraten nämlich in ungeheuren Stress, sobald man sich ihnen beim Fressen nähert. Die Erfahrung, bei Anwesenheit anderer den eigenen Hunger womöglich nicht ausreichend stillen zu können, ist häufig Handlungsmotivation. Lernt der Welpe jedoch, dass zunächst genau das Gegenteil passiert, man ihm nichts wegnehmen, sondern etwas geben möchte, kann er Urvertrauen und Sicherheit entwickeln.
Wir halten diesen ersten Schritt für außerordentlich wichtig. Die Zahl der futteraggressiven

02

Hunde, die uns in den letzten Jahren vorgestellt wurden, ist hoch, und ein großer Teil von ihnen war keineswegs dem dominanten Hundetyp zuzurechnen. Im Gegenteil, das Verhalten dieser Tiere war insgesamt eher von Nervosität und Unsicherheit geprägt.
Haben Sie Kinder im Haus, so sollten diese den ersten Schritt dieser Übung durchaus auch gelegentlich durchführen, doch bitte erst, nachdem Sie selbst dies ohne Probleme mehrfach ausprobiert haben und der Welpe dabei völlig gelassen geblieben ist. So wichtig es ist, dass gerade Kinder von Welpen am Futternapf nicht als Störenfriede, die es zu vertreiben gilt, betrachtet werden, so wichtig ist es jedoch auch, dass dies nur unter Aufsicht von Erwachsenen stattfindet. Schritt 2 sollte prinzipiell nur von Erwachsenen durchgeführt werden.

SCHRITT 2: NÄHERN SIE SICH DEM WELPEN OHNE LECKERCHEN

Nachdem Sie Schritt 1 im Verlauf von zwei bis drei Wochen mehrmals durchgeführt haben, können Sie zu Schritt 2 übergehen. Diesmal nähern Sie sich dem fressenden Hund ohne Leckerchen in der Hand ruhig und gelassen. Nehmen Sie den Napf weg, ohne den Hund anzusprechen. Keineswegs soll dem Hund in diesem Stadium verbal gedroht werden, genauso wenig sollte man ihn mit einlullender Stimme „bitten", den Napf wegnehmen zu dürfen. In der Regel hat der Welpe zu diesem Zeitpunkt schon verknüpft, dass der Mensch am Futternapf eine wünschenswerte Erscheinung darstellt, und wird sich den Napf ohne Protest abnehmen lassen. Um den Hund in seiner Erfahrung zu bestätigen, erhält er seinen Napf auch gleich wieder.

03

01 – 03 Der Hund erhält während des Fressens vom Menschen ein besonderes Leckerchen. Damit bekommt er die Sicherheit, dass der Mensch am Futternapf etwas Positives bedeutet.

Lernziel ist hier, neben den bereits eingeleiteten vertrauensfördernden Maßnahmen, bei dem jungen Hund eine Akzeptanz dafür herzustellen, dass der Mensch die Nahrungsressourcen verwaltet, während er selbst in einer gewissen biologischen Abhängigkeit steht.
Sollte der Fall eintreten, dass Ihr Welpe knurrt oder die Zähnchen zeigt, sobald Sie den Napf wegnehmen wollen, so lassen Sie sich hiervon keineswegs beeindrucken. Das ist kein Weltuntergang, sondern nur normales Beanspruchen von Ressourcen. Trotzdem muss der Hund lernen, dass Sie an seine Beute dürfen. Reagieren Sie ruhig und souverän, nehmen Sie den Napf weg und schieben Sie den Hund beiseite. Keinesfalls soll der Welpe den Napf direkt im Anschluss zurückerhalten, da dies einer ungewollten Belohnung für sein Verhalten gleichkäme. Gleichzeitig sollten Sie eine gewisse Zeit auf Handfütterung umsteigen, was bedeutet, dass der junge Hund für mindestens eine Woche überhaupt kein Futter mehr aus dem Napf, sondern nur noch aus Ihrer Hand erhält. Führt dies zu keiner Besserung des Verhaltens, so sollten Sie den Hund einem Hundetrainer vorstellen und mit ihm gemeinsam eine individuelle Analyse vornehmen.

Im Endeffekt sollte sich der Hund jegliches Futter problemlos abnehmen lassen.

SCHRITT 3: PROBEOBJEKTE AUSWEITEN

Gibt es mit Schritt 2 hingegen – und davon ist in der Mehrzahl der Fälle auszugehen – keine Probleme, so sollten Sie die Probeobjekte ausweiten. Hundekuchen, Kauknochen etc. können in die Übung integriert werden. Bei solch attraktiven Futtermitteln empfiehlt es sich, analog zum Futternapf vorzugehen, d. h. nicht mit dem Abnehmen der Gegenstände zu beginnen. Gehen Sie ebenso vor, wie der Welpe es bereits vom Futternapf her kennt. Nähern Sie sich dem Hund und geben Sie ihm auf der Höhe seines Knochens o. Ä. ein besonders gutes Leckerchen. Erst wenn dies einige Male problemlos geklappt hat, nehmen Sie den Kauknochen weg, warten einen kurzen Moment und geben ihn dem Hund als Belohnung für sein aggressionsfreies Verhalten zurück. Reagiert er hier mit Aggression, so verhalten Sie sich wie bereits beschrieben: den Knochen wegnehmen, den Hund souverän wegschieben. Keinesfalls erhält er den Knochen zu diesem Zeitpunkt zurück. Sollte der Welpe auch beim nächsten und übernächsten Versuch in dieser Situation aggressives Verhalten zeigen, so sollten Sie wie zuvor beschrieben ein bis zwei Wochen Handfütterung praktizieren und gleichzeitig alle besonders attraktiven Hundekuchen, Kauknochen etc. von der Menüliste streichen.
Zeigt sich nach dieser Zeit beim nächsten Versuch keine Besserung des Verhaltens, sollte man dringend professionelle Hilfe in Anspruch nehmen. Wir warnen ausdrücklich davor, ein solches Verhalten zu bagatellisieren, in der Regel stellt es lediglich ein Symptom einer ganzen Verhaltenskette dar, die sowohl für den Menschen als auch für den Hund äußerst unangenehm ist.
Insgesamt sollte vom Welpen bis zum erwachsenen/älteren Hund sowohl die Akzeptanz am Futternapf als auch an Knochen, Schweineohren usw. regelmäßig geprüft werden. Abschließend noch ein wichtiger Hinweis, der alle hier beschriebenen Stufen betrifft: Keinesfalls dürfen die beschriebenen Übungen zu häufig durchgeführt werden, oberste Prämisse ist immer souveränes und ruhiges Handeln. Zu häufig und hektisch durchgeführte Futterkontrolle setzt den Welpen unter Stress und kann genau das Gegenteil des Gewünschten hervorrufen.

AUFBAU DER BEISSHEMMUNG BEIM WELPEN

Die meisten frischgebackenen Welpenbesitzer kennen es: Der Neuankömmling hinterlässt mit seinen spitzen Zähnchen – insbesondere beim Spiel – keineswegs böse gemeinte, aber schmerzhafte Spuren an Händen und Armen seines Menschen. Der bestmögliche Anlass, dem Welpen die für seinen kompletten weiteren Lebensweg so wichtige Beißhemmung anzugewöhnen. Der Aufbau der Beißhemmung schützt kurzfristig gesehen vor den unangenehmen Schrammen, die beim Spiel oder beim sonstigen Kontakt mit dem stürmischen Welpen entstehen können. Mittel- und langfristig jedoch schützt eine „eingeprägte" und sorgfältig aufgebaute Beißhemmung – ohne pathetisch werden zu wollen – das Leben des Tieres und macht es zu einem sozial kompatiblen Teil unserer Umwelt. Ein weiterer praktischer Nebeneffekt entsprechender Erziehungsbemühungen besteht außerdem darin, dass das konsequente Setzen von Grenzen die menschliche Stellung festigt und somit hier ein wichtiger Baustein gelegt werden kann für den Weg zu einem rundherum gut erzogener Hund, der nicht nur das „Knabbern" an menschlichen Körperteilen sein lässt, sondern auch kommt, wenn er gerufen wird, weil er seinen Menschen ernst nimmt. Konkret heißt das, dass jegliches „Knabbern" oder spielerisches Schnappen des Hundes eine Reaktion des Menschen nach sich ziehen muss. Verharmlosen Sie das Verhalten nicht. Der Hund kann nicht unterscheiden, dass ein „bisschen" Knabbern in Ordnung ist, ein bisschen mehr aber nicht. Seine Maßstäbe in diesem Bereich sind völlig andere: Betrachten Sie doch einmal das Spiel von Welpen untereinander. Schon beim Zusehen schmerzen die spitzen Welpenzähnchen an Backen, Ohren oder sonstigen Körperteilen. Oberstes Lernziel ist ein Hund, der gelernt hat, dass menschliche Haut und Kleidung für ihn tabu sind.

WARUM WELPEN „KNABBERN"

Doch betrachten wir die Situation genauer: Klassischerweise verhält sich ein junger Hund so wie in der beschriebenen Weise beim Spiel mit seinem Menschen. Er knabbert an Händen und Beinen, vergreift sich an der Kleidung, besonders wilde Rabauken nehmen auch schon mal mit Anlauf die Fersen ihrer Zweibeiner in Angriff. Warum tut der junge Kerl das? Vergessen Sie vermenschlichende Kategorien wie Boshaftigkeit und Hinterlist und werfen Sie stattdessen einen Blick auf Welpen oder Junghunde beim Spiel miteinander. Zwicken, spielerisches Schnappen, überhaupt jeglicher Körperkontakt mit dem Gegenüber sind die Regel. Wie sehen die Reaktionen der Hunde

Auch unter Artgenossen gibt es klare Grenzen für Zwicken und Knabbern

untereinander auf solches Verhalten aus? Wir beobachten lautes, spitzes Aufjaulen, das dem Menschen als Betrachter nebenbei bemerkt oft völlig übertrieben erscheint, Gleiches wird mit Gleichem vergolten, sprich, es wird hemmungslos zurückgezwickt nach dem Motto: „Wie du mir, so ich dir!" Gelegentlich kann man auch beobachten, dass ein Welpe, der sich von einem anderen zu arg drangsaliert fühlt, diesem aus dem Weg geht und sich einem anderen Spielpartner zuwendet. Auf diese Art und Weise lernen die Kleinen, was im Spiel „erlaubt" ist – die Beißhemmung entsteht!

Menschliche Haut ist jedoch um einiges empfindlicher, sodass die kleinen Vierbeiner lernen müssen, dass sie mit uns deutlich vorsichtiger umgehen müssen. Nun sind wir Menschen natürlich zivilisierter und werden unserem Welpen kaum kräftig ins Ohr beißen, weil dieser im Spiel über die Stränge geschlagen hat, doch mehrere Dinge können wir aus dem Verhalten der Tiere untereinander lernen: Es erfolgt im Allgemeinen immer eine Reaktion, die – und das ist von ungeheurer Bedeutung für unsere Erziehung – unmittelbar ist, d.h. sofort stattfindet: kein Welpe, der erst drei Minuten später schreit, nachdem er von einem anderen etwas zu heftig gezwickt wurde.

RICHTIG REAGIEREN

Daraus folgt für uns Regel Nummer 1: Unsere Reaktion muss sofort kommen und nicht erst, nachdem wir das Verhalten des Hundes minutenlang geduldet haben, nun aber doch langsam eine etwas dünne Haut bekommen oder sich erste Schäden an unserer Kleidung abzeichnen. Eine solche Haltung wäre aus Sicht des Hundes vollkommen unverständlich und hat schnell Vertrauensverlust zur Folge.

Wie reagiert man denn nun richtig? Machen wir uns dazu zunächst einmal klar, was den Hund in dieser Situation zu seinem Verhalten bewegt: Er möchte vor allem eines, nämlich Spaß empfinden. Das ist für ihn Sinn und Zweck seines Spiels, und sofern er ein normal entwickeltes Tier ist, von dem wir hier ausgehen, wird er danach streben, diese Lust zu erhalten. Das Prinzip ist nun Folgendes: Um eine zuverlässige Beißhemmung zu erlernen, ist es erforderlich, dieser Lust ein Ende zu setzen, sobald sich der Welpe knabbernd oder schnappend am Körper des Menschen „vergreift". Konkret kann dies auf unterschiedliche Arten geschehen, in allen Fällen ist ein Spielabbruch und damit Kontaktabbruch sinnvoll, damit der Hund unterscheiden lernt: Schnappen, Knabbern (auch spielerisch) etc. werden tabuisiert und führen zu dem, was er am wenigsten will: der Einstellung des Spiels. Regelhaftes, kontrolliertes Spiel führt zum Lustgewinn, zur Fortsetzung des Spiels.

Bei vielen jungen Hunden reicht es vollkommen, einen kurzen spitzen Schrei auszustoßen, um anzudeuten, dass Ihnen das nun wehgetan hat (denken Sie an unsere miteinander spielenden Welpen) und das Spiel sofort einzustellen. Halten Sie keine Moralpredigt, mit der der Hund ohnehin nichts anfangen kann. Hören Sie so abrupt wie möglich mit dem Spiel auf und ignorieren Sie den Hund für einige Minuten. Vermeiden Sie Blickkontakt. Sollte der Hund an Ihnen hochspringen, um Sie zum Weiterspielen aufzufordern, so drehen Sie ihm den Rücken zu und blicken an die Decke. Wenden Sie sich ihm erst wieder zu, wenn er Ihren Kontaktabbruch akzeptiert hat und sich seiner-

Das Beißen in Kleidungsstücke endet schnell mit Löchern.

seits abwendet. Sollten Sie einen ganz hartnäckigen Vertreter Ihr Eigen nennen, der auf den Spielabbruch mit den wildesten Gebärden und eventuell sogar vermehrtem Zwicken und Hochspringen reagiert, so kann es helfen, ihm (natürlich vor dem Spiel) eine kurze, dünne Hausleine anzulegen, auf die Sie nun treten können, und zwar so, dass der „kleine Wilde" in seiner Bewegung für einen Moment, bis er sich beruhigt hat, gehemmt wird. Die Leine sollte dabei so kurz fixiert werden, dass der Hund nicht mehr hochspringen kann. Einige junge Hunde, insbesondere sehr temperamentvolle, kommen erst durch die kurzfristige Einschränkung von Bewegungsfreiheit zur Ruhe. Schimpfen Sie nicht, vermeiden Sie Augenkontakt, setzen Sie den spielerischen „Kampfhandlungen" Spielabbruch und souveräne Ignoranz entgegen. Lediglich bei ganz hartnäckigen Fällen kann ein Schnauzgriff zur Reglementierung dienlich sein. Doch dieser muss genauso schnell und abrupt erfolgen wie der oben beschriebene spitze Schrei mit Spielabbruch. Langes „in der Luft Herumfuchteln" auf der Suche nach der Schnauze des Hundes wird vom Welpen im Allgemeinen als Fortsetzung des Spiels gedeutet, was daran ablesbar ist, dass er eher noch wilder wird. Nochmals: Im Vordergrund steht die schnelle und regelmäßig stattfindende Reaktion des Menschen auf das Knabbern und spielerische Schnappen in dessen Körperteile. Gelegentliche Reaktionen, die meistens dann erfolgen, wenn es mal besonders schmerzhaft war, sind zum Aufbau einer zuverlässigen Beißhemmung sinnlos. Machen Sie sich klar, dass Sie – sicherlich ohne das zu wollen – durch nicht erfolgende oder inkonsequente Reaktion dem Hund suggerieren, Schnappen wäre in Ordnung. Lassen Sie sich nicht davon blenden, dass dies nur im Spiel geschieht und deswegen ja nicht so schlimm sein kann.

Über die Bedeutung des Spiels für das Erlernen sozialer Verhaltensweisen ist von Verhaltensforschern in den letzten Jahren ausführlich gearbeitet worden, und es gibt sogar die Auffassung, dass Spiel nie primär motiviert ist. Das bedeutet, dass jegliches Spiel ausschließlich dazu da ist, um zu lernen, wie man sich in einer Gruppe zu bewegen hat, was man sich erlauben kann und was nicht. Die Erprobung des Ernstfalls sozusagen, ohne die ganz harschen Folgen eines solchen (wie beispielsweise kompletter Gruppenausstoß etc.). Ob man diese Auffassung bis in ihre letzte Konsequenz teilen möchte oder nicht, gehört in einen Wissenschaftsdiskurs zum Thema und muss von uns hier nicht erörtert werden. Eines jedoch

Das Zwicken in Körperteile sollte mit einem spitzen Schrei und sofortigem Spielabbruch quittiert werden.

Die frühe Gewöhnung an Körperpflege erleichtert später viele Situationen.

machen uns die Verhaltensforscher unmissverständlich deutlich: Das Spiel ist für das Tier ein lebensnotwendiges soziales Lernfeld. Grund genug für uns, den Hund auch im Spiel ernst zu nehmen.

Eine andere Situation, in der Welpen sich gelegentlich durch „in die Luft Schnappen" hervortun und die daher ebenso geeignet ist, Beißhemmung erlernen zu lassen, stellt die Körperpflege (Bürsten, Absuchen nach Zecken, Flöhen etc.) dar. Die Grundsituation unterscheidet sich von der zuvor beschriebenen. Hier geht es dem Hund eher darum, sich einer Situation zu entziehen, die jedoch aus hygienischen oder gesundheitlichen Gründen Teil seines Lebens werden sollte. Verhalten wir uns nun in der eben bereits beschriebenen Weise, sprich, lassen vom Hund ab, sobald er mit leichtem Zwicken dem Bürsten o. Ä. entkommen will, arbeiten wir dem Aufbau einer Beißhemmung entgegen, da der Welpe in diesem Fall lernt, dass sein Verhalten geeignet ist, Unlust zu vermeiden. Hier ist es nun sinnvoll, das Verhalten des Hundes zwar zu ignorieren, in seiner eigenen Handlung aber beständig und gelassen fortzufahren. Brechen Sie Ihre Handlung erst ab, wenn der Hund das von Ihnen gewünschte ruhige Verhalten zeigt. So hat der Welpe die Möglichkeit, zu lernen, dass ihn sein Zwicken in dieser Situation nicht weiterbringt. Sie können dem Hund hier zuvor ein Halsband oder Geschirr anlegen, um ihn besser zu fixieren. Zum Aufbau einer zuverlässigen Beißhemmung ist die regelmäßige, konsequente Erfahrung, dass Schnappen schlicht und ergreifend keinen Erfolg bringt, unabdingbar. Gerade tendenziell unangenehme Situationen wie Bürsten dürfen Sie auch gerne versüßen: Ein leckerer Kauknochen oder eine Handvoll Futter helfen schnell, die Emotion bei der Prozedur zu verbessern.

Zur Verdeutlichung noch einmal die beiden Situationen im Vergleich: Im Falle des Spiels und des damit verbundenen spielerischen Zwickens oder Schnappens in menschliche Körperteile befindet sich der Hund in einer lustvollen Stimmung, er strebt in natürlicher Weise danach, diesen Zustand fortzusetzen. Spielabbruch beendet nun aber diesen Zustand. Der Hund lernt, dass die Fortdauer nur durch entsprechende Beißhemmung zu erreichen ist. Im zweiten geschilderten Fall möchte der Welpe Unlust vermeiden und soll lernen, dass das von ihm gewählte Mittel – spielerisches Schnappen – erfolglos ist.

ALLEINBLEIBEN

Wie bereits erwähnt, ist Einsamkeit für den Welpen sehr bedrohlich. In freier Wildbahn würde ein Alleinbleiben für den Welpen den sicheren Tod bedeuten. Natürlich muss und kann der Welpe trotzdem lernen, auch einmal einige Zeit allein zu sein.

ALLEINBLEIBEN TRAINIEREN

Beginnen Sie mit dem Training erst, wenn der Welpe sieben bis zehn Tage bei Ihnen ist und Sie das Gefühl haben, dass er sich schon gut eingelebt hat und Ihnen vertraut. Haben Sie einen erwachsenen Hund übernommen, sollten Sie genau wie in der Welpenerziehung vorgehen.
Auch hier kommt die Kiste wieder zum Einsatz. Warten Sie, bis Ihr Welpe satt und müde ist, und setzen Sie ihn in die Kiste. Selbstverständlich dürfen Sie Ihrem Hund den Aufenthalt in der Box ruhig schmackhaft machen: Eine Handvoll Futter oder einen besonders begehrter Kauknochen gibt es dazu. Verlassen Sie nun den Raum für wenige Minuten. Kommen Sie auf jeden Fall erst dann zurück, wenn der Welpe ruhig ist. Sollte er jammern oder heulen, reden Sie auf keinen Fall beruhigend, tröstend oder schimpfend auf ihn ein. Durch jede dieser Aktionen verstärken Sie sein Verhalten nur. Trösten Sie ihn, fühlt er sich bestätigt und/oder gelobt. Schimpfen Sie mit ihm, bekommt er noch mehr Angst und hat nun erst recht Grund zu jammern.
Klappt das Alleinbleiben in einem Zimmer, üben Sie auch, das Haus zu verlassen. Genauso müssen Sie vorgehen, um dem Hund das Warten im Auto beizubringen.
Box = Gefängnis? Viele Menschen empfinden beim Anblick einer Transportbox Unbehagen – erinnert sie uns doch spontan an ein Gefängnis. Hunde empfinden anders: Für sie ist die Box willkommende Höhle und behaglicher Aufenthaltsort – eine schrittweise Gewöhnung vorausgesetzt. Selbstverständlich darf die Box nicht missbraucht werden: Sie dient als Schlafplatz und tagsüber fürs schrittweise Alleinebleiben-Üben – mehr nicht!
Steigern Sie das Alleinbleiben nun Woche für Woche um einige Minuten bis zu ca. zwei Stunden. Wenn der Hund etwa ein halbes Jahr alt ist, können Sie beginnen, ihn bis zu vier Stunden allein zu lassen.

Wesentlich länger (max. sechs Stunden) sollte auch der erwachsene Hund nur in Ausnahmefällen allein sein!

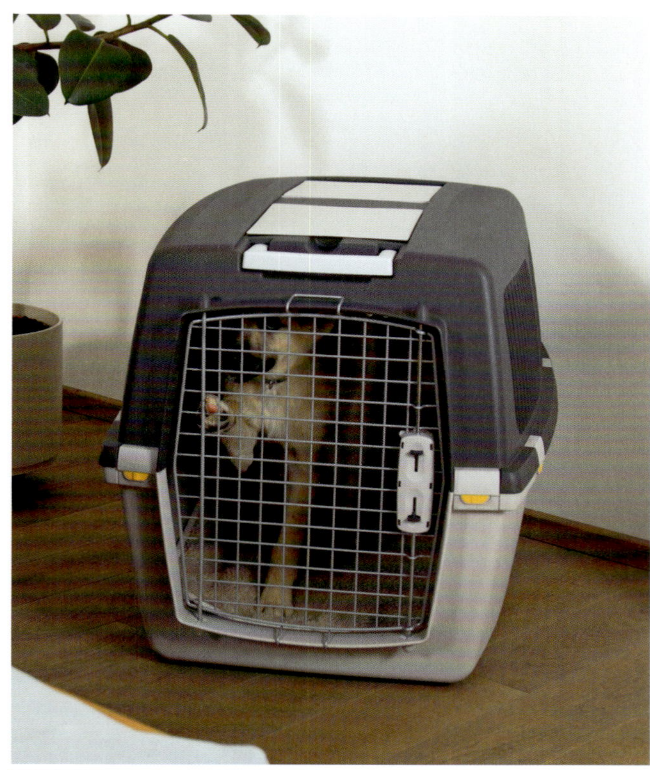

Alleinbleiben – jede Woche ein paar Minuten mehr

☞ TRAININGSPLAN FÜR **WELPEN**

WAS?	TÄGLICH	WÖCHENTLICH
KOMMEN AUF ZURUF	Erziehungsspaziergang in unbekannter Umgebung (inklusive Versteckspiel und Richtungswechsel).	„Komm" mit Hilfsperson.
UMWELT-SOZIALISATION	Täglich Personen- und Hundekontakt, jeden zweiten Tag einen Aspekt der Tabelle „Umweltsozialisation" (ab Seite 56) wahrnehmen!	Welpenspielstunde, Besuch eines Wildparks.
„SITZ"	Täglich mindestens zehnmal.	Ablenkung steigern.
„PLATZ"	Täglich mindestens zehnmal.	Ablenkung steigern.
„NEIN"	Täglich mehrmals.	
SPIELEN	Täglich im Anschluss an „Sitz"- und „Platz"-Übungen und während des Spaziergangs.	
LEINENFÜHRIGKEIT	IMMER beachten!	
ALLEINBLEIBEN	Täglich einige Minuten steigern.	
FUSS-TRAINING	Wenn gewünscht, täglich drei bis fünf Minuten üben.	
KÖRPERKONTROLLE	Täglich einmal.	

Konsequentes (aber nicht überzogenes) Welpentraining gibt dem Hund viel Sicherheit.

Zuverlässiges Kommen – eine der Grundlagen in der Hundeerziehung

KOMMEN AUF ZURUF

Das zuverlässige Kommen auf Zuruf (oder Pfiff) ist sicher das wichtigste Hörzeichen in der Hundeerziehung. Je nachdem, wie alt Ihr Hund bei Beginn der Erziehung ist, gilt es, verschiedene Wege einzuschlagen.

Für alle Altersgruppen Die Grundsätze fürs Kommen lesen Sie ab Seite 86.

Welpen und Junghunde Welpenbesitzer (ca. 8. bis 14. Woche) fahren mit dem Abschnitt „Praktische Übungen für Welpen" fort (siehe Seite 88). Haben Sie wenig Zeit, können Sie problemlos Übungen wie „Sitz" oder „Platz" beim Training vernachlässigen, das Kommen aber auf keinen Fall.
Ist Ihr Hund ca. 15 bis 20 Wochen alt, gehen Sie ebenfalls zunächst nach diesem Abschnitt vor. Haben Sie mit den dort beschriebenen Übungen nach ca. zwei bis drei Wochen keine großen Fortschritte erzielt, müssen Sie zusätzlich mit den Übungen für Junghunde und erwachsene Hunde (ab Seite 99) beginnen.
Ist Ihr Hund älter als 20 Wochen, beginnen Sie sofort mit den praktischen Übungen für Junghunde und erwachsene Hunde.

GRUNDSÄTZE FÜRS KOMMEN

LECKERCHEN

Viele Hundebesitzer weigern sich, Leckerchen in der Hundeerziehung einzusetzen, da sie dies als Bestechung betrachten. Machen Sie sich von solchen vermenschlichenden Gedanken frei. Wir möchten den Hund nicht bestechen, sondern belohnen!

IMMER EIN LECKERCHEN FÜRS KOMMEN!

Immer, wenn Ihr Hund auf Ihr Rufen reagiert, geben Sie ihm ein Leckerchen. Der Hund tut etwas für Sie, dafür bekommt er etwas. Daran ist nichts verwerflich. Der Hund soll lernen, dass es sich lohnt, zu kommen. Auch wir Menschen denken nicht im Traum daran, Dinge zu tun, die sich nicht für uns lohnen, wobei es ganz gleich ist, welcher Art die Belohnung ist: finanzieller oder ideeller Art.

Hüten Sie sich, die Leckerchen für das Kommen zu schnell abzubauen. In den ersten Monaten soll der Hund immer sein Leckerchen bekommen. Erst dann sollten Sie beginnen, die Leckerchen langsam abzubauen. Jedoch nur, wenn Sie mit dem Herankommen des Hundes in jeder Situation zufrieden sind, ansonsten ist es für einen Abbau noch zu früh. Keinesfalls sollten die Leckerchen gänzlich gestrichen werden, ab und zu gibt es immer noch mal eines. Für besonders schnelles Herankommen in schwierigen Situationen, z. B. wenn der Hund durch andere Hunde abgelenkt

Ein motivierender Rückruf bringt einen motivierten Hund.

Halten Sie das Leckerchen nah am Körper. Sobald der Hund nah genug ist, greifen Sie ins Halsband, …

… reichen das Leckerchen und geben ihn dann mit dem Befehl „Lauf“ wieder frei.

ist, darf es sogar ruhig einmal einen „Jackpot“ geben, d. h. eine ganze Handvoll Leckerchen. Viele Hunde neigen dazu, sich ihr Leckerchen so schnell wie möglich abzuholen, um dann wieder „abzuflitzen“. Dies ist nicht Sinn der Sache. Gehen Sie in die Hocke, sobald der Hund auf Sie zuläuft, und feuern Sie ihn begeistert an. Wenn Sie zusätzlich die Pfeiffe einsetzen wollen, setzen Sie den Pfiff vor das Rufen, so lernt der Hund es gleich als zusätzliches „Komm“-Signal mit. Das Leckerchen halten Sie dicht am Körper in der Hand, keinesfalls strecken Sie es ihm entgegen (oder gehen dem Hund gar den letzten Schritt entgegen!). Ist der Hund bei Ihnen angekommen, greifen Sie ihn am Halsband, geben ihm gleichzeitig seine Belohnung, streicheln und loben ihn. Erst wenn Sie der Meinung sind, dass er wieder weg darf, geben Sie ihn mit dem Hörzeichen „Lauf“ frei.

DER HUND MUSS GANZ NAH ZU IHNEN KOMMEN

Ein weiterer Vorteil dieser Methode ist, dass der Hund lernt, die Hand, die nach ihm greift, als etwas Selbstverständliches zu betrachten und nicht als etwas, was seine Bewegungsfreiheit einschränkt. Sicherlich kennen Sie aus eigener Anschauung viele Vierbeiner, die zwar herankommen, jedoch sofort abdrehen, sobald ihre Besitzer die Hand ausstrecken. Diese Hunde haben in der Regel Folgendes verknüpft: „Sobald der Mensch die Hand ausstreckt, werde ich gegriffen, angeleint, und der Spaß ist vorbei.“

Das kann vermieden werden, indem der Hund wie beschrieben beim Herankommen jedes Mal am Halsband gefasst wird, gleichzeitig sein Leckerchen bekommt und die kurze Einschränkung der Bewegungsfreiheit somit positiv besetzt wird.

LOB UND STIMME

Der Hund soll lernen, gern zu Ihnen zu kommen. Eine wichtige Rolle spielt hier der Ton, der bekanntlich die Musik macht. Weder ein gelangweiltes, gleichgültiges „Komm mal her“ wird Ihren lustbetonten Hund zunächst veranlassen können, sich in Ihre Richtung zu bewegen, noch ein genervtes „Jetzt aber schnell hierher!“. Im Kapitel „Stimmungsübertragung“ (Seite 24) können Sie nachlesen, wie Ihre Stimme in etwa klingen soll. Sobald der Hund beginnt, sich in Ihre Richtung zu bewegen, sollte Ihr Lob mit freudiger Begeisterung einsetzen und seinen Höhepunkt erreichen, wenn Ihr Vierbeiner bei Ihnen angelangt ist. Sie können zur Begrüßung des Hundes auch in die Hocke gehen, dies ist besonders bei Welpen sehr beliebt. Vermeiden Sie es, sich zu stark von oben über den Hund zu beugen und ihn dabei zu knuddeln; viele Hunde empfinden dies nämlich eher als Belästigung, was man häufig an entsprechenden Beschwichtigungsgesten, wie z. B. über die Schnauze lecken, ablesen kann. Den meisten Hunden ist verhaltenes Streicheln im Hals- oder Brustbereich lieber.

ÜBUNGEN ZUM KOMMEN FÜR WELPEN (8.–20. WOCHE)

LERNZIEL

Ihr Welpe soll lernen, immer und jederzeit auf Zuruf sofort zu Ihnen zu kommen. Das erscheint Ihnen utopisch? Schließlich ist er ja noch so klein? Versuchen Sie es, und erhöhen Sie Ihre Erwartungen!

VORAUSSETZUNGEN UND HILFSMITTEL

Schleppleine Leider schleichen sich bereits in der Welpenerziehung bezüglich des Hörzeichens „Komm" häufig eine solche Vielzahl an Fehlern ein, dass der Einsatz einer Schleppleine von Anfang an sinnvoll ist. Die Schleppleine für den Welpen sollte möglichst 10 Meter lang, sehr dünn und leicht sein, damit der Hund sich ihrer möglichst wenig bewusst ist (keine Roll-Leine!). Das Ende der Leine sollte sich zu Beginn in Ihrer Hand befinden; der Rest locker über den Boden schleifen. So können Sie Ihre Erziehungsspaziergänge unternehmen, als wäre die Schleppleine gar nicht vorhanden. Begegnen Ihnen Spaziergänger, Radfahrer, Jogger etc., so können Sie in unmittelbarer Nähe des Hundes auf die Leine treten, um zu verhindern, dass Ihr Welpe auf die Passanten zuspringt. Zeigt der Hund gar kein Interesse an dem Genannten, so sollten Sie locker und ruhig an den potenziellen Reizquellen vorbeilaufen, um nicht das Gefühl aufkommen zu lassen, es könne sich hier um etwas Besonderes handeln.
Mithilfe der Schleppleine können Sie vermeiden, dass Ihr neuer Hausgenosse bereits in den ersten Tagen die Lernerfahrung macht, dass das Hörzeichen „Komm" keine Bedeutung hat und ignoriert werden kann. Hier ein kleiner „Aufschrei" unsererseits: Bitte bedenken Sie, dass sich Ihr junger Hund zum jetzigen Zeitpunkt in einer Lebensphase befindet, in der sich ihm alles Gelernte buchstäblich einprägt und Lernerfahrungen nie wieder in dieser Tiefe stattfinden können. Das bedeutet aber auch, dass er menschliche Inkonsequenz nun besonders gut speichert. Daher unser Appell: Es nützt rein gar nichts, wenn Sie dem Hund alle zwei Tage zum Spaziergang für 20 Minuten die Schleppleine anlegen und in der in den nächsten Kapiteln beschriebenen Weise

Die Schleppleine als fast unbemerktes Bindeglied…

Halten Sie das Leckerchen in eine andere Richtung: nimmt er trotzdem Blickkontakt auf?

Welpen machen. Die meisten Welpenbesitzer laufen mit dem Hund an der Leine vom Haus weg, um diesen dann auf dem Feldweg o. Ä. abzuleinen. Der Hund kennt so die nähere Umgebung der Wohnung nach spätestens vier bis fünf Spaziergängen in- und auswendig. Wir empfehlen daher, in den ersten Wochen möglichst wenig Spaziergänge vom Haus weg zu unternehmen. Setzen Sie den Hund wenigstens einmal am Tag ins Auto und fahren Sie mit ihm in unbekanntes Gebiet. Auf diese Weise können Sie zusätzlich gleich Autofahren üben. Dieses Gebiet darf ruhig unübersichtlich strukturiert sein, damit der Welpe eine gesteigerte Aufmerksamkeit zeigt. Sie werden sofort bemerken, dass sich der Welpe wesentlich stärker an Ihnen orientiert, als dies in bekannter Umgebung der Fall ist. Diese Erziehungsspaziergänge in unbekannter Umgebung brauchen nicht ewig zu dauern. Sie müssen sich auch nicht jeden Tag einen neuen Platz aussuchen, aber doch täglich abwechselnd, sodass Sie höchstens einmal in der Woche den gleichen Weg benutzen."

BLICKKONTAKT EINÜBEN

Das Einüben von Blickkontakt auf Hörzeichen hin ist eine weitere wichtige Übung, die man im Welpenalter beginnen sollte. Dabei gehen Sie wie folgt vor: Nehmen Sie sich eine Handvoll Leckerchen, Ihren möglichst hungrigen Hund und begeben Sie sich in ablenkungsfreie Umgebung. Halten Sie nun ein Leckerchen vor Ihr Gesicht und sagen Sie ein sehr freundliches, möglichst hohes „Schau". Sobald der Hund Ihren Blick erwidert, verwenden Sie das Markerwort „Click" (siehe Seite 38 bis 42) und Leckerchen. Üben Sie dies mehrfach hintereinander im Verlauf von einigen Tagen. Sobald Ihr Hund dies begriffen hat, variieren Sie die Position des Leckerchens. Er wird bei der ersten Veränderung sicher dem Leckerchen hinterhersehen, das Sie nun neben Ihren Kopf und nicht mehr vor dem Gesicht halten. Warten Sie nun geduldig ab, ohne etwas zu sagen. Nach einiger Zeit wird Ihr Hund verwirrt zu Ihnen schauen: „Click" und Leckerchen! Wie immer gilt es nun, alles weitere zu variieren: Zeit, Ort, Ablenkung etc., damit sich das „Schau" festigen kann.

HILFE, MEIN WELPE WILL NICHT AUS DEM HAUS!

Dieses Problem kennen viele Hundebesitzer. Es ist relativ leicht zu erklären und zu beheben. Das wölfische Erbe unserer Hunde beschert diesen als Welpen eine enge Lagerbindung. Um ihr Leben nicht zu gefährden und sich bei drohender Gefahr schnell zurückziehen zu können, müssen die Welpen in der ersten Zeit in unmittelbarer Nähe ihrer Wurfhöhle oder des Rastplatzes bleiben, auch wenn der Rest des Rudels das Lager verlässt, um auf Jagd zu gehen. Viele Hundewelpen verhalten sich analog, wenn sie in den ersten Tagen ihren neuen Aufenthaltsort nicht verlassen wollen. Daher ist es sinnvoll, den Hund auf den Arm zu nehmen – möglichst bevor er Angst zeigt und ohne ihn zu bedauern –, zum Auto zu tragen und von der Wohnung aus wegzufahren. Soll der Hund nur zum Lösen kurz das Haus verlassen, können Sie ebenso verfahren und den Hund zur nächstgelegenen Wiese tragen. In der Regel verliert sich das Verhalten nach wenigen Wochen von selbst.

ÜBUNG FÜR LERNZIEL 1

STUMME RICHTUNGSWECHSEL

Ihr Welpe läuft an der 10-Meter-Schleppleine, die locker über den Boden schleift. Das Ende halten Sie in der Hand.
Wie sieht ein stummer Richtungswechsel aus? Drehen Sie sich vom Hund weg und gehen Sie wortlos in die entgegensetzte Richtung weiter. Nun gibt es zwei Möglichkeiten, wie Ihr Welpe darauf reagiert:

1. Möglichkeit Er bemerkt Ihren Richtungswechsel und folgt Ihnen nach. Dies ist zwar Grund zur Freude für Sie, jedoch sollten Sie dies Ihrem Hund nicht zeigen. Warum? Unser Ziel ist es, dass es für den Hund zur Selbstverständlichkeit wird, Ihnen im wahrsten Sinne des Wortes „zu folgen“. Daher sollten Sie sich auch jetzt schon so verhalten, als ob dies bereits selbstverständlich wäre. Nimmt er beim Zurückkommen von sich aus Blickkontakt zu Ihnen auf, dürfen Sie ruhig zurücklächeln und in Maßen hin und wieder belohnen.

Der stumme Richtungswechsel…

LERNZIELE BEIM SPAZIERGANG

1. Lernziel

— Der Welpe bleibt in der Nähe des Menschen und vollzieht Richtungsänderungen ohne jegliches Rufen des Menschen mit.
— Übung hierzu: Stumme Richtungswechsel.

2. Lernziel

— Der Welpe lässt sich aus jeder Situation heraus erfolgreich heranrufen.
— Übung hierzu: Kommen auf Zuruf.

Wird beides im Welpen- und Junghundalter ausreichend geübt und gefestigt, geht dies dem Hund so in „Fleisch und Blut“ über, dass er es auch jenseits der Pubertät im Freilauf zeigen wird. Dazu ist es jedoch unbedingt erforderlich, dass beide Übungen täglich mehrfach bei jedem Spaziergang konsequent angewendet werden. Beide Lernaufgaben stehen gleichberechtigt nebeneinander.

2. Möglichkeit Der Hund bemerkt Ihr Weggehen nicht, sodass sich die Leine schließlich strafft. Bleiben Sie jetzt wortlos stehen, die Leine ist leicht gespannt. Nehmen Sie keinen Blickkontakt auf, beobachten Sie ihn nur aus dem Augenwinkel. Spätestens jetzt wird Ihr Welpe durch den Zug auf der Leine bemerken, wie weit Sie bereits von ihm entfernt sind. Folgt er jetzt nach, gehen Sie – immer noch wortlos – ruhig weiter. Folgt er hingegen nicht, erhöhen Sie durch einen kleinen weiteren Schritt vom Hund weg die Spannung auf der Leine. In der Regel wird der Welpe sich aus dieser für ihn unbequemen Situation dadurch befreien, dass er hinter Ihnen herläuft. Ein wichtiger Lernschritt!

WANN SOLLTEN DIE STUMMEN RICHTUNGSWECHSEL ERFOLGEN?

1. Situation Sie sind bereits seit einigen Minuten geradeaus gelaufen. Der stumme Richtungswechsel zum jetzigen Zeitpunkt dient dazu, den Hund zu aktiver Aufmerksamkeit zu erziehen.

... ist eine wichtige Grundübung für entspannte spätere Spaziergänge.

2. Situation Der Welpe macht einen unaufmerksamen Eindruck, seine Umgebung interessiert ihn gerade sehr, so ist er beispielsweise damit beschäftigt, eine spannende Geruchsstelle zu untersuchen. Ein Richtungswechsel in diesem Moment erzieht den Hund zur Aufmerksamkeit auch unter Ablenkung.

3. Situation Die Leine strafft sich, weil der Welpe zu weit vorausläuft. Da wir weder einen Hund möchten, der lernt, an der Leine zu ziehen, noch einen, der sich beim Spaziergang zu weit entfernt, ist dies der richtige Zeitpunkt für einen weiteren Richtungswechsel. Bleibt der Welpe jedoch so weit zurück, dass sich die Leine ebenfalls strafft, kehren Sie natürlich nicht um. Wir möchten schließlich, dass der Welpe lernt, aktiv zu folgen. Wie oben beschrieben, machen Sie es dem Hund nun durch einen weiteren Schritt von ihm weg etwas unbequem und warten wortlos, bis er Ihnen folgt. Alle Situationen beachtend, führen Sie bei jedem Spaziergang sehr häufig Richtungswechsel durch!

ÜBUNG FÜR LERNZIEL 2

KOMMEN AUF ZURUF IN JEDER SITUATION

Der Welpe lernt das Hörzeichen Zunächst einmal muss der junge Hund die Bedeutung des Hörzeichens „Hier" lernen. Gehen Sie wie folgt vor: In den ersten Tagen des Zusammenlebens passen Sie jede Situation ab, in der Ihr Welpe von sich aus auf Sie zuläuft. Erst wenn Sie das bemerken, rufen Sie mit freundlicher Stimme das gewählte Hörzeichen. Natürlich erfolgt sofort Lob und Belohnung durch Leckerchen, was wiederum bedeutet, dass Sie ab sofort rund um die Uhr mit Leckerchen „bewaffnet" sein sollten. Nutzen Sie unbedingt auch die Fütterungssituation, um dem Hund das Erlernen des „Komm"-Signals zu ermöglichen. Ein Familienmitglied sollte hierbei den Welpen wortlos festhalten, während Sie das Futter vorbereiten. Erst wenn Ihr Hörzeichen ertönt, wird der Hund freigegeben und erhält bei Ihnen zur Belohnung seinen Napf.

Während dieser ersten Lernschritte (einige Tage genügen völlig) verwenden Sie das gewählte Hörzeichen ausschließlich dann, wenn der Welpe tatsächlich bereits auf dem Weg zu Ihnen ist. Vermeiden Sie unbedingt vergebliches Rufen! Denken Sie nicht, dass der Welpe nur das lernt, was Sie ihm beibringen möchten. Gerade im vergeblichen Rufen liegt die größte Fehlerquelle. Was bedeutet das? Wird der Welpe erfolglos gerufen, bedeutet auch dies für ihn eine Lernerfahrung, nämlich die, dass man Hörzeichen keine Bedeutung schenken muss. Auf Ihren Spaziergängen praktizieren Sie daher (wohlgemerkt, die ersten Tage) ausschließlich stumme Richtungswechsel.
Haben Sie ansonsten täglich mehrere Situationen ausgenutzt, um das Hörzeichen „Hier" zu etablieren, können Sie davon ausgehen, dass der Welpe die grundsätzliche Bedeutung erst einmal verstanden hat. Nun können Sie zum nächsten Lernschritt übergehen.

Wann wird gerufen? Auch wenn Ihr Welpe die Bedeutung des Hörzeichens „Hier" begriffen hat, kann man zum jetzigen Zeitpunkt selbstverständlich noch kein zuverlässiges Befolgen in jeder Situation erwarten. Dies ist Ihr nächstes Lernziel. Nach wie vor gilt: Vermeiden Sie vergebliches Rufen. Üben Sie das Herankommen in ruhiger Umgebung. Unbewegte Umweltreize und Gerüche reichen zur Ablenkung zunächst völlig aus. Begegnet Ihnen in dieser Lernphase stärkere Ablenkung, wie beispielsweise Radfahrer, so empfehlen wir, den Hund nicht zu rufen. Treten Sie auf die Schleppleine und gehen Sie (immer auf die Leine tretend) in Richtung Hund. So verhindern Sie, dass er dem Radfahrer in den Weg laufen kann. Ist der Passant vorbei, geben Sie den Hund mit Hörzeichen „Lauf" frei und gehen weiter. Nun ist es Ihre Aufgabe, die Anforderungen an Ihren Hund in den nächsten Wochen kontinuierlich zu steigern.

Der Welpe ist gerade mit einem spannenden Geruch beschäftigt.

Nach dem Ruf in die entgegengesetzte Richtung gehen.

Zur Verdeutlichung einige Beispiele mit steigendem Schwierigkeitsgrad (von leicht bis schwer): Gerüche (ohne erkennbares Objekt), unbewegte Objekte, Passanten (Jogger, Fahrradfahrer etc.) in einiger Entfernung, bewegte Objekte (fliegende Blätter), interessante Objekte (z. B. benutzte Taschentücher), Passanten in unmittelbarer Nähe, Hunde in einiger Entfernung, fressbarer Müll, Pferdeäpfel etc., Aas, Wild (auch Schmetterlinge, Vögel), Hunde in unmittelbarer Umgebung. Natürlich ist dies nur eine pauschale Aufzählung. Jeder Hund hat seine eigenen Vorlieben, die Sie als Hundebesitzer sehr schnell kennenlernen werden. Daran gilt es, sich zu orientieren und einen individuellen Lernplan zu erstellen.

Wie sieht der Ablauf der „Komm"-Übung aus?

Der Ablauf des Herankommens sollte immer der gleiche sein: Sie rufen und/oder pfeifen nach Ihrem Welpen und gehen gleichzeitig in die entgegengesetzte Richtung. Hierbei haben Sie bei jedem Rufen in den ersten Wochen die Schleppleine in der Hand. Schauen Sie beim Weggehen über die Schulter: Sobald der Welpe beginnt, Ihnen zu folgen, sollte Ihr überschwängliches Lob einsetzen. Gehen Sie nun in die Hocke und strecken Sie dem Hund die Hand samt Leckerchen entgegen. Kommt er bei Ihnen an, ziehen Sie nun die Hand dicht an Ihren Körper heran. So können Sie gewährleisten, dass der Hund ganz nah zu Ihnen herankommt. Erst jetzt greifen Sie mit der anderen Hand nach dem Halsband des Welpen, gleichzeitig erhält er sein Leckerchen. Nachdem Sie den Hund kurz und herzlich gelobt haben, wird er mit Hörzeichen „Lauf" wieder freigegeben. Wenn Sie „Schau" geübt haben, verlangen Sie es nach dem Lob und vor der Freigabe. Die Belohnung hierfür ist dann das „Lauf". Langfristig lernt der Hund so, Sie erst fragend anzusehen, bevor er sich wieder seinen Hundedingen zuwendet.

Sobald eine Reaktion erfolgt, …

… große Freude beim Menschen …

… und es gibt überschwängliches Lob und viele Leckerchen.

Der schönste Anblick: ein Welpe, der freudig auf seinen Menschen zurennt.

Streicheln als Lob – Vorsicht, Falle Ein herzhaftes Streicheln, meist als Wuscheln über den Kopf, wird von so gut wie keinem Hund als Lob empfunden. Ein gut sozialisierter Hund nimmt es meistens hin, freut sich aber nicht wirklich darüber. Können Sie sich gar nicht vorstellen? Lassen Sie sich einmal dabei filmen und beobachten Sie den Hund genau: Er schließt die Augen, dreht den Kopf zur Seite, verlagert sein Gewicht nach hinten. Oder er versucht sogar, auszuweichen und sich zu entziehen. Besser ist es, nur seitlich am Hals kurz zu streicheln oder evtl. auch gar nicht!

HILFE, ER KOMMT NICHT!

Keinesfalls sollten Sie jetzt den Fehler begehen und das Hörzeichen mehrmals wiederholen. Wiederholen Sie das Hörzeichen einmal und entfernen sich gleichzeitig vom Hund. Folgt Ihr Hund nun, loben Sie wie immer. Zeigt sich Ihr Hund trotz Ihres Weggehens immer noch ignorant, kann der Zug an der Leine etwas erhöht werden. Auch wenn der Welpe dieser nachdrücklichen Aufforderung bedarf, ist der Empfang und das Lob trotzdem überschwänglich und freundlich.

VERSTECKSPIEL

Eine weitere, ganz ausgezeichnete Möglichkeit, dem Hund zuverlässiges und freudiges Kommen beizubringen, ist das Versteckspiel. Auch hier ist eine gute Beobachtungsgabe unerlässlich. Nutzen Sie die Unaufmerksamkeit des Hundes geschickt aus. Sobald der Welpe nicht nach Ihnen schaut, lassen Sie die Schleppleine unbemerkt fallen und springen hinter den nächstbesten Baum, Holz-

UMWELTSOZIALISATION UND ÜBUNGEN

Bei allen diesen Übungen dürfen Sie die notwendige Umweltsozialisation nicht vergessen. Das heißt, Sie sollten zusätzlich einmal täglich dort spazieren gehen, wo Ihr Welpe auf andere Leute und Hunde trifft. Machen Sie nicht den Fehler, die genannten Übungen zu früh unter Ablenkung auszuführen. Sonst lernt Ihr Hund womöglich nur, dass er angesichts anderer Hunde nicht auf Sie achten muss!

stoß o. Ä. Sie müssen jedoch noch die Möglichkeit haben, den Welpen zu beobachten. Die meisten Welpen merken sehr schnell, dass sie plötzlich allein dastehen, und suchen kreisend nach ihrem Rudel. Lassen Sie den Welpen ruhig kurze Zeit suchen. So lernt er, dass es für ihn äußerst unangenehme Konsequenzen hat, wenn er nicht nach Ihnen schaut. Dann rufen Sie den Hund, möglichst soll er Sie „finden". Fällt ihm dies zu schwer, treten Sie aus Ihrem Versteck und helfen ihm so bei der Suche. Das Wiedersehen erfolgt selbstverständlich überschwänglich und mit Belohnung. Selbstverständlich führen Sie diese Übung nur in ungefährlicher Umgebung durch.
Reagiert Ihr Welpe zu kopflos, sobald er den „Verlust" bemerkt, müssen Sie natürlich sofort aus Ihrem Versteck kommen. Das Gleiche gilt auch, wenn Sie das Gefühl haben, dass es den Hund überhaupt nicht interessiert, dass Sie weg sind. Dies kommt bei jungen Welpen jedoch höchst selten vor und ist in der Regel ein untrügliches Zeichen dafür, dass in der Mensch-Hund-Beziehung etwas nicht stimmt. Leistet sich Ihr Welpe bereits so viel Ignoranz, dass er prinzipiell überhaupt keine Anzeichen erkennen lässt, Sie zu suchen, so sollten Sie dringend fachliche Erziehungshilfe in Anspruch nehmen und – falls der Welpe auch sonst eventuell sehr stoisch wirkt – auch eine gründliche tierärztliche Untersuchung vornehmen lassen.
Es mag für Sie leichter erscheinen, den Hund ständig an der Flexileine zu führen, doch der Begriff der „modernen Kettenhundhaltung", wie er für „Flexileinenhunde" in einer bekannten Hundezeitschrift geprägt wurde, sollte abschreckend genug sein: Dies ist eine Zumutung für den Hund.
Sie werden merken, dass Ihr Welpe Ihnen nach einigen erfolgreichen Versteckspielen gar nicht mehr die Möglichkeit lässt, sich zu verstecken. Schließlich hat er etwas gelernt. Auch das Versteckspiel sollte keinesfalls eine einmalige Angelegenheit bleiben. Nutzen Sie die erzieherische Wirkung dieses Spiels beim Welpen regelmäßig auf jedem Erziehungsspaziergang.

WIE LANGE WIRD DIE SCHLEPPLEINE BENUTZT?

Während der ersten Übungstage sollte sich die Schleppleine prinzipiell in Ihrer Hand befinden. Sobald Sie bemerken, und keinesfalls früher, dass der Welpe sich innerhalb des 10-Meter-Radius zuverlässig an Ihnen orientiert und Richtungswechsel – ohne dass sich die Schleppleine anspannt – ohne jedes Rufen mitvollzieht, können Sie die Leine aus der Hand geben und über den Boden schleifen lassen. Möchten oder müssen Sie den Welpen rufen, so nehmen Sie vorher die Schleppleine sicherheitshalber wieder auf. Reagiert der Welpe nämlich nicht auf Ihren Zuruf, so haben Sie so immer noch die Möglichkeit, durch schnelles Sich-Wegbewegen vom Hund diesen zum Kommen zu veranlassen. Bevor Sie ganz auf die Schleppleine verzichten können, muss gewährleistet sein, dass der Welpe auch an schleifender Schleppleine zuverlässig auf Ihr Rufen reagiert.

Wenn der Rückruf von anderen Hunden klappt …

… hat man schon viel erreicht.

TRAININGSPLAN „KOMM" FÜR WELPEN

SCHRITTE	WIE WIRD'S GEMACHT?	WO UND WIE OFT?	HILFE, ES KLAPPT NICHT!	LERNZIEL
01	**Erziehungsspaziergang in fremder Umgebung** Mit dem Auto von zu Hause wegfahren, Spaziergang mit der Schleppleine in der Hand.	Unübersichtliches Gelände (für Welpen) wählen: bewaldet, hügelig, keine großen offenen Flächen, möglichst wenig Ablenkung durch andere Hunde und Menschen. Mindestens einmal täglich je nach Konzentrationsfähigkeit 15–20 Minuten, ca. vier bis sechs Wochen, wenn nötig länger.		Der Welpe lernt, sich ohne Worte am Menschen zu orientieren.
02	**Richtungswechsel** Variante 1: Stumme Richtungswechsel: Wechseln Sie ohne Worte die Richtung. Variante 2: Wechseln Sie die Richtung ebenfalls ohne verbale Ankündigung. Erst wenn der Welpe schon hinter Ihnen herläuft, rufen Sie ihn, gehen in die Hocke. Wenn der Welpe ankommt, Leckerchen geben, gleichzeitig am Halsband festhalten, loben. Dann mit „Lauf" freigeben.	Wie bei Schritt 1. Beide Varianten mindestens zehn- bis zwanzigmal pro Spaziergang (je nach Konzentrationsfähigkeit des Welpen).	Folgende Faktoren überprüfen: Evtl. Ablenkung zu groß? Stillere Orte aufsuchen! Wird zu wenig oder zu viel geübt? Gesundsheitscheck, Sinne prüfen lassen! Ist der Welpe evtl. überfüttert, müde? Stimmen äußere Bindungsfaktoren? Ist der Welpe zu viel allein?	Der Welpe lernt Hörzeichen „Komm" bzw. „Hier".
03	**Versteckspiel** Sobald der Welpe nicht auf Sie achtet, springen Sie hinter einen Baum, Holzstapel o. Ä. Findet er Sie, loben und weitergehen.	Im Wald oder auf Feldwegen – immer noch ohne große Ablenkung. Bei JEDER Gelegenheit. Wenn Sie es richtig machen, haben Sie nach einigen Tagen kaum noch Gelegenheit, sich zu verstecken.	Unbedingt Haltung und Bindung des Welpen überprüfen! Evtl. fachmännische Hilfe aufsuchen.	Der Welpe hält einen 10-Meter-Radius um Sie herum ungefähr ein.
04	**„Komm" mit Hilfsperson** Eine Hilfsperson (kein Familienmitglied) hält den Welpen am Halsband fest, ohne ihn weiter zu beachten. Sie entfernen sich und rufen ihn dabei aufgeregt und freudig. Wenn Sie einige Meter weg sind (je nach Alter des Welpen steigern) und Ihr Hund zu Ihnen möchte, lässt die Hilfsperson den Hund los. Sie rufen ihn und empfangen ihn wie gewohnt.	Ohne Ablenkung! Mehrmals wöchentlich.	Wie bei Schritt 3.	Der Welpe lernt, schnell zu Ihnen zu kommen.

ÜBUNGEN FÜR JUNGHUNDE UND ERWACHSENE HUNDE

DIE ARBEIT MIT DER SCHLEPPLEINE

HILFSMITTEL

Sie benötigen zunächst zweierlei Leinen:

1. Eine 10-Meter-Schleppleine mit einem stabilen Karabiner am Ende (im Zoofachhandel erhältlich). Diese Leine sollte aus Kunststoffseil (Polypropylen) oder Biothane bestehen und nicht zu dick sein (für Welpen oder kleine bis mittelgroße Rassen max. 6 mm Durchmesser, sonst 8 bis 10 mm). Andere Materialien sind zu empfindlich und reißen leicht. Die Schleppleine darf für kleine und junge Hunde nicht zu schwer sein, damit sich der Hund der Leine möglichst wenig bewusst ist. Eine Roll-Leine ist daher ungeeignet, denn der Hund spürt an dieser immer, dass Sie ihn an der Leine haben. Die Roll-Leine hat noch weitere Nachteile. Der Hund lernt, dass er mit dem Ziehen an der Leine Erfolg hat, da er durch eigenständiges Ziehen seinen Radius automatisch erweitern kann. Er lernt somit ein Verhalten, das den Menschen an anderer Stelle ganz gewaltig stört. Außerdem neigt die Roll-Leine leider dazu, im ungeeignetsten Moment ihren Dienst zu versagen und nicht einzurasten, was nicht ungefährlich ist. Kurzum, für unsere Zwecke ist sie völlig unbrauchbar.

2. Eine 5-Meter-Leine. Diese sollte wesentlich stabiler und dicker sein als die Schleppleine. Sie muss eine gut gearbeitete Handschlaufe besitzen und ebenfalls aus reißfestem Material bestehen.

3. Ein sehr breites, gut sitzendes Halsband, das mindestens zwei Wirbel abdeckt oder ein ebenso gut sitzendes Brustgeschirr. Insbesondere beim zu lockeren Brustgeschirr kann es zu Milzrissen oder Verletzungen an den Rippen kommen.

WANN WERDEN DIE LEINEN EINGESETZT?

- Ihr Hund kommt nicht, wenn er gerufen wird.
- Er verfolgt Jogger, Radfahrer, Autos etc. oder belästigt fremde Personen.
- Sie können den Hund nicht greifen, weil er immer wieder wegspringt.
- Der Hund verlässt Sie bei Spaziergängen, um eigene Wege zu gehen (auch ohne jagdliche Motivierung).
- Der Hund entfernt sich regelmäßig von Ihnen, weil er jagdlich motiviert ist.
- Der Hund wildert bereits seit mehreren Wochen oder sucht intensiv nach Spuren.
- Der Hund hat bereits Beutebestätigung erfahren, d. h. es ist ihm gelungen, ein Tier zu fangen.

Die Schleppleine ist im Antijagd-Training unabdingbar.

Lassen Sie das aufgewickelte Stück der 5-Meter-Leine fallen, …

… bevor Sie sich umdrehen und zügig in die entgegen gesetzte Richtung weggehen.

GRUNDSÄTZE FÜR DIE ARBEIT MIT SCHLEPPLEINE

Die Arbeit an der Schleppleine bzw. an der 5-Meter-Leine ist äußerst effektiv, wenn man genügend Ausdauer und Konsequenz mitbringt und sie gleichzeitig in eine prinzipielle Verhaltensumstellung des Menschen bezüglich Konsequenz im Alltag, Manipulationsverhalten, Bindungsförderung durch Spiel, Gehorsamstraining etc. einbaut.

Die lange Leine muss immer benutzt werden, und zwar so lange, bis der Hund sie nicht mehr benötigt, d. h. immer kommt, wenn er gerufen wird. Immer bedeutet, sobald Sie mit dem Hund Ihre Wohnung verlassen und er sich nicht an der kurzen Führleine befindet. Immer heißt auch beim Freispiel mit anderen Hunden, im Garten (unter Aufsicht) etc. Beim erwachsenen Hund haben wir leider das Phänomen, dass er häufig über einen reichen Erfahrungsschatz im Nicht-Kommen verfügt. Er hatte i. d. R. Monate oder gar Jahre Zeit, die für den Menschen so negative Erfahrung zu machen, dass er selbst entscheiden kann, wann er kommen möchte und wann nicht. Diese Erfahrung kann nur mit hundertprozentiger Konsequenz durchbrochen werden. Daher kann ein nur gelegentlicher Einsatz der langen Leine unmöglich erfolgreich sein. Einige Wochen Einsatz sind das absolute Minimum. Wir möchten an dieser Stelle nochmals auf unsere Ausführungen über die „Katastrophe" vergeblicher Hörzeichen auf den Seiten 89 bzw. 109 hinweisen, die in der dort geschilderten Deutlichkeit genauso hier gelten.

TRAININGSSCHRITTE

SCHRITT 1: ARBEIT AN DER 5-METER-LEINE

Halten Sie die Leine aufgewickelt in der einen, die Endschlaufe der Leine hingegen in der anderen Hand, und zwar so, dass der Hund nach vorn etwa einen Spielraum von maximal einem halben Meter hat. Ausnahmsweise ist das Ziehen an der Leine erlaubt.

Laufen Sie los, mit dem Hund an Ihrer Seite (welche Seite Sie wählen, bleibt ganz Ihnen überlassen). Nachdem der Hund einige Meter nach vorn gezogen hat, lassen Sie den aufgewickelten

Vorsicht: Wickeln Sie die Leine keinesfalls ums Handgelenk!

Teil fallen und entfernen sich zügig in die entgegengesetzte Richtung von Ihrem Hund. Die Endschlaufe bleibt dabei fest in der anderen Hand. Der Hund wird zu Beginn der Übung nicht auf Ihre Wendung achten und erhält so am Ende der Leine einen kleinen Ruck. Sollte er nach drei bis vier Wiederholungen ohne jegliche Ablenkung immer noch nicht auf Ihre Wendungen achtgeben, so erhöhen Sie Ihr Tempo und rennen vom Hund weg. Diese Übung wiederholen Sie nun so oft, bis der Hund über einige Tage hinweg zuverlässig jeden noch so abrupten Richtungswechsel mitvollzieht, ohne dass er dabei in das Leinenende läuft. Üben Sie mindestens fünf- bis sechsmal täglich mehrere solcher Richtungswechsel an unterschiedlichen Plätzen. Steigern Sie die Ablenkung hierbei schrittweise. In dieser Phase darf der Hund auf dem Spaziergang keinesfalls ohne lange Leine laufen.

Sobald der Hund durch diese Übung eine so gute Fixierung zeigt, dass er direkt nach Ihrer Körperwendung Kontakt zu Ihnen aufnimmt, loben Sie ihn mit freudiger Stimme. Auf die Verunsicherung durch die schnellen Richtungswechsel folgen Sicherheit und Lob bei Ihnen.

Ihre Spaziergänge in dieser Phase sollen ausschließlich an der schleifenden, in der Hand gehaltenen 5-Meter-Leine stattfinden. Wechseln Sie auf diesen Spaziergängen häufig wortlos die Richtung, in jedem Fall sollte ein Richtungswechsel dann stattfinden, wenn der Hund an der Leine zieht, sprich den 5-Meter-Radius überschreiten möchte. Übrigens hat es keinerlei biologische oder sonstige Gründe, warum wir für diese Übung eine 5-Meter-Leine gewählt haben. Fünf Meter stellen lediglich einen akzeptablen Kompromiss zwischen guter Handhabbarkeit, geringer Verletzungsgefahr und trotzdem vorerst ausreichender Bewegungsmöglichkeit für den Hund dar.

Ständige Kontrolle bedeutet ab sofort auch, dass der Hund – außer natürlich er ist an der kurzen Leine, die im Straßenverkehr selbstverständlich nach wie vor eingesetzt werden sollte – auch bei Hundebegegnungen etc. an der 5-Meter-Leine bleibt. Während der ersten Übungstage sollten Sie – wie bereits erwähnt – ruhige Gebiete aufsuchen, d. h. nicht gerade das ortsübliche Hundeauslaufgebiet wählen. Erst nach einigen Tagen, wenn sich Ihr Hund gut an Ihnen orientiert und Richtungswechsel immer seltener nötig werden, können Sie die Ablenkung steigern. In der Zwischenzeit muss Ihr Hund mit etwas eingeschränktem Hundekontakt auskommen. Vielleicht haben Sie die Möglichkeit, ihn in einem eingezäunten Gebiet mit Artgenossen toben zu lassen. Vermeiden Sie auch hier unbedingt, ihn vergeblich zu rufen! Bei Aufenthalten im heimischen Garten haben Sie zwei Möglichkeiten: Entweder trägt Ihr Hund die 5-Meter-Leine auch im Garten (nur unter Aufsicht!) oder er darf sich ohne Leine im Garten aufhalten. Allerdings sollten Sie dann strikt darauf achten, dass er nicht gerufen, sondern geholt wird, oder Sie rufen ihn nur dann, wenn Sie sich wirklich absolut sicher sind, dass er Ihrem Wunsch auch nachkommen wird. Diese Freiheit sollten Sie ihm aber gerade in der ersten Trainingsphase nur in Ausnahmefällen gewähren. Wichtig ist, dass Sie auch gerade im heimischen Territorium an der langen Leine üben, ihn erfolgreich heranzurufen. Während dieser Lernphase rufen Sie Ihren Hund nur, wenn es sich gar nicht vermeiden läßt und konzentrieren sich ganz auf die Richtungswechsel.

ÜBUNGEN FÜR HUNDE, DIE RADFAHRER ODER JOGGER HETZEN

Voraussetzung für diese Übungen ist, dass der Hund durch die oben beschriebenen Maßnahmen so weit ist, dass er ohne große Ablenkung jede Ihrer Körperwendungen mitmacht, ohne einen Ruck zu erhalten, weil er unaufmerksam war.
Nun benötigen Sie eine oder besser mehrere Hilfspersonen (keine Familienmitglieder). Suchen Sie eine möglichst realistische Örtlichkeit auf, jedoch ohne andere Personen zu gefährden. Bereiten Sie die 5-Meter-Übung vor und gehen Sie los. Ihre Hilfsperson sollte auf jeden Fall von hinten kommen und entweder an Ihnen vorbeijoggen oder auf dem Fahrrad vorbeifahren; je nachdem, worauf der Hund eben reagiert.
Sobald die Hilfsperson weit genug entfernt ist (mehr als fünf Meter), lassen Sie die Leine in der gewohnten Art fallen (nur den aufgewickelten Teil, die Schlaufe bleibt in der Hand) und gehen in die entgegengesetzte Richtung schnell davon. Zeigt sich der Hund mit Blick auf das sich von ihm entfernende Objekt hiervon unbeeindruckt, so müssen Sie Ihr Tempo beim Weglaufen erhöhen. Normalerweise wird es nötig sein, die Übung mit möglichst vielen, wechselnden Hilfspersonen an unterschiedlichen Orten zu wiederholen. Haben Sie hiermit Erfolg, so können Sie den Ernstfall wagen und sich an entsprechend frequentierte Orte begeben. Achten Sie hierbei jedoch immer auf den nötigen Sicherheitsabstand von mindestens fünf Metern.
Möchten Sie am Jagdverhalten Ihres Vierbeiners arbeiten, so sollten Sie sich nach einer kurzen Phase in ablenkungsfreier Umgebung für diese Übung Plätze oder Wege suchen, auf denen erfahrungsgemäß mit Wild zu rechnen ist, bzw. solche Orte, an denen in der Vergangenheit bereits Kontakt (sei es auch nur auf Sicht) stattgefunden hat. Sie müssen nicht warten, bis Ihnen ein Hase oder ein anderes Tier über den Weg läuft, um die Übung durchzuführen. Für den Hund kommt es zunächst auf die Erfahrung an, dass er auch an Orten, die in seiner Erinnerung anders besetzt sind, auf den Menschen achten muss.

WENN DER HUND SICH SCHLECHT GREIFEN LÄSST

Viele Hunde haben gelernt, dass der Griff des Menschen ans Halsband unangenehm ist oder zumindest eine deutliche Einschränkung ihrer Bewegungsfreiheit mit sich bringt. Unter Umständen kann es auch bei ängstlichen oder sehr sensiblen Hunden einfach nur die Körperbewegung des Menschen nach vorn (auf den Hund zu) sein, die sie zögern lässt. Wagt Ihr Hund es nicht, ganz dicht an Sie heranzukommen, können Sie wie folgt vorgehen:
Während Sie ihn rufen, halten Sie ihm das Leckerchen mit ausgestrecktem Arm entgegen. Kommt er bei Ihnen an, erhält er das Leckerchen jedoch nicht sofort, d. h. in Distanz zu Ihnen, sondern Sie ziehen Ihre Hand mit dem Leckerchen dicht an sich heran, sodass Sie den Hund bequem am Halsband greifen können. Eventuell müssen Sie sich an diesen Idealzustand langsam herantasten und zu Beginn besonders attraktive Leckerchen wählen.

SCHRITT 2: ARBEIT AN DER 10-METER-LEINE

Sobald die Übungen an der 5-Meter-Leine Erfolg zeigen, können Sie zur 10-Meter-Schleppleine übergehen. Erfolg heißt, der Hund vollzieht die Körperwendungen und Richtungswechsel an der 5-Meter-Leine (deren Endschlaufe aber in Ihrer Hand bleibt!) mit, ohne dass er in das Leinenende rennt.

Bevor die nächsten Schritte beschrieben werden, hier zunächst einige Sicherheitshinweise: Wie bereits erwähnt, soll die 10-Meter-Leine dünn und leicht sein, was durchaus einige Gefahren bergen kann. Daher ist es unbedingt erforderlich, dass der Hund zunächst an der stabileren und kürzeren 5-Meter-Leine gelernt hat, auf seinen Menschen zu achten und einen gewissen Radius einzuhalten. Gerade bei größeren, temperamentvollen Hunden ist dies außerordentlich wichtig, damit die Schleppleine nicht zur „Stolperschnur" für alle Beteiligten wird. Wir warnen ausdrücklich davor, ohne die oben genannten Übungen direkt oder zu früh zur Arbeit an der 10-Meter-Leine überzugehen.

Da vorne ist ein Fahrradfahrer!

Aber beim Rückruf gibt es ein großes Lob und eine Belohnung.

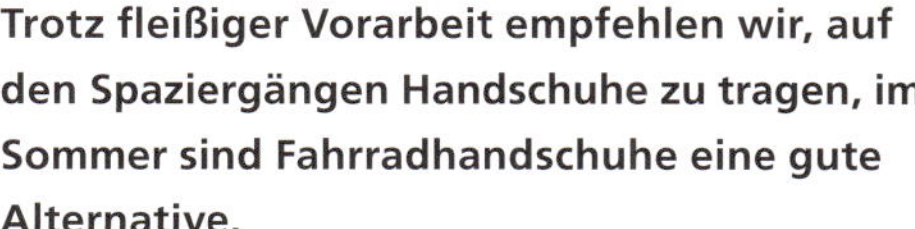

Trotz fleißiger Vorarbeit empfehlen wir, auf den Spaziergängen Handschuhe zu tragen, im Sommer sind Fahrradhandschuhe eine gute Alternative.

Der Hund läuft von nun an auf jedem Ihrer Spaziergänge an der 10-Meter-Leine. Die Schlaufe bleibt in Ihrer Hand. In dieser Phase sollten Sie Spaziergänge mit großer Ablenkung meiden. Für die ersten Lernschritte tun sowohl Sie als auch Ihr Hund sich auf einem ruhigem Feld- oder Waldweg leichter. Sobald der Hund seine normalen Bedürfnisse erledigt hat, sollten Sie darauf achten, dass das Tempo des Spaziergangs von Ihnen bestimmt wird. Der Hund hat innerhalb des Leinenradius ausreichend Gelegenheit zu schnuppern etc., und zwar auch dann, wenn Sie nicht jedes Mal stehen bleiben, sobald der Hund dies fordert. Laufen Sie ein gleichmäßiges, bequemes Tempo. Nun haben Sie bzw. Ihr Vierbeiner zwei Lernaufgaben. Zum einen soll die bereits eingeleitete Orientierung ohne Worte am Menschen weiter verstärkt werden. Dies bedeutet regelmäßige, unangekündigte Richtungswechsel, die ohne jegliches Rufen oder Ansprechen stattfinden sollen. Als ungefähren Richtwert können Sie sich zu Beginn ca. zehn Richtungswechsel in zehn Minuten vornehmen. Dies ist, wie gesagt, nur ein ungefährer Richtwert. Konzentriert sich Ihr Hund sehr gut auf Sie und läuft ohne Ablenkung so gut wie gar nicht in das Leinenende, darf die Anzahl der Richtungswechsel durchaus reduziert werden. Ist der Hund hingegen unaufmerksam, ist eine Reduzierung nicht sinnvoll.

SCHRITT 3: KOMMEN AUF ZURUF AN DER 10-METER-LEINE

Die zweite Lernaufgabe stellt ein promptes und schnelles Kommen auf Zuruf dar. Dazu gehen Sie folgendermaßen vor: Die Schleppleine in der Hand haltend, rufen Sie Ihren Hund freundlich, aber bestimmt. Während des Rufens bewegen Sie sich schnell von ihm weg. Diese Gleichzeitigkeit ist von enormer Wichtigkeit. Warum? Viele Hundebesitzer machen den Fehler, den Hund zu rufen, womöglich noch mehrmals, und mit der Leine in der Hand auf eine Reaktion ihres Tieres zu warten. Somit erhält der Hund die Gelegenheit, selbst zu entscheiden, ob und wann er sich in Bewegung setzen möchte. Erfolgt das Rufen hingegen zeitgleich mit einer schnellen Bewegung weg vom Hund, so hat dieser keine Möglichkeit, mit seiner Reaktion zu zögern. Die schnelle Bewegung dabei hat noch einen weiteren positiven Effekt: Insbesondere lauffreudige, temperamentvolle Hunde animiert die Bewegung ihrer Menschen sehr stark. Das zwar kurze, doch gemeinsame Laufen oder Rennen (je nach menschlicher Fitness) wirkt motivierend und hat für viele Hunde bereits Belohnungscharakter.

Sobald sich Ihr Hund in Bewegung setzt, sollten Sie ihn schon auf dem Weg zu Ihnen durch freudiges Lob anfeuern. Lassen Sie ihn ganz nah herankommen. Das Leckerchen, das Sie bitte schon beim Rufen bereithalten, bekommt er erst ganz nah an Ihrem Körper, während Sie ihn sanft am Halsband fassen. Auch hier ist das Prinzip der Gleichzeitigkeit wichtig: Erfolgen Leckerchen und Griff ans Halsband zum selben Zeitpunkt, so wird der Hund den Griff nach ihm kaum negativ besetzen. Jetzt noch ein „Schau" verlangen und er darf sich mit „Lauf" wieder Hundedingen widmen.

Seien Sie variabel in der Wahl der Belohnung. Reagiert der Hund gut auf Leckerchen, so mischen Sie auch besonders Attraktives in Ihren Belohnungsbeutel (z. B. Trockenfutter gemischt mit Fleischwurst, Käse etc.). Haben Sie einen spielverrückten Vierbeiner, so belohnen Sie auch mit kurzen Spieleinheiten, die von Ihnen begonnen und beendet werden.

Achten Sie darauf, den Hund während der ersten Tage bis Wochen nur dann zu rufen, wenn er nicht oder nur wenig abgelenkt ist, damit Ihre Bemühungen möglichst erfolgreich sind. Diese Übung sollte bei einem etwa 30-minütigen Spaziergang ca. 20-mal durchgeführt werden.

SCHRITT 4: SCHWIERIGKEITSGRAD ERHÖHEN

Haben Sie nach einiger Zeit mit den beiden beschriebenen Übungen guten Erfolg, so erhöhen Sie den Schwierigkeitsgrad, indem Sie nun in mittlerer Ablenkungslage trainieren. Die Schleppleine bleibt dabei immer noch in Ihrer Hand. Wortlose Richtungswechsel werden nach wie vor

01

02

03

04

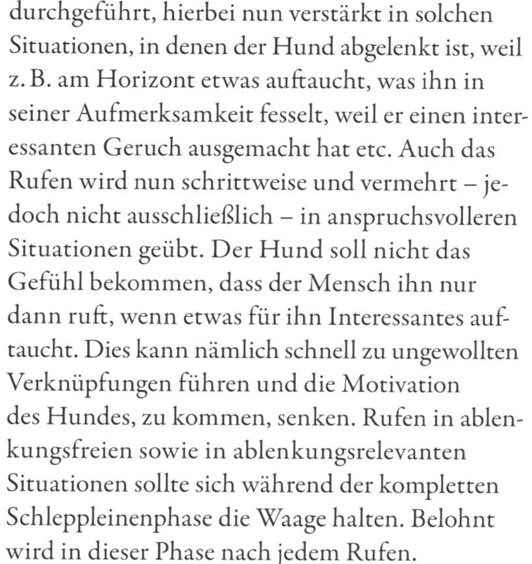

durchgeführt, hierbei nun verstärkt in solchen Situationen, in denen der Hund abgelenkt ist, weil z. B. am Horizont etwas auftaucht, was ihn in seiner Aufmerksamkeit fesselt, weil er einen interessanten Geruch ausgemacht hat etc. Auch das Rufen wird nun schrittweise und vermehrt – jedoch nicht ausschließlich – in anspruchsvolleren Situationen geübt. Der Hund soll nicht das Gefühl bekommen, dass der Mensch ihn nur dann ruft, wenn etwas für ihn Interessantes auftaucht. Dies kann nämlich schnell zu ungewollten Verknüpfungen führen und die Motivation des Hundes, zu kommen, senken. Rufen in ablenkungsfreien sowie in ablenkungsrelevanten Situationen sollte sich während der kompletten Schleppleinenphase die Waage halten. Belohnt wird in dieser Phase nach jedem Rufen.

SCHRITT 5: LASSEN SIE LOS!

Der nächste Schritt kann erfolgen, wenn auf dem beschriebenen, mittleren Ablenkungsniveau gute Fortschritte zu vermelden sind: Der Hund läuft kaum in das Ende der Leine, vollzieht kooperativ die Richtungswechsel mit erhöhter Aufmerksamkeit, auf das Rufen des Menschen reagiert er in mittlerer Ablenkung prompt und schnell, er hält den Radius von zehn Metern ordentlich ein. Jetzt können Sie es wagen, zunächst ohne Ablenkung, die Schleppleine aus der Hand auf den Boden fallen zu lassen. Dies aber bitte erst, wenn die oben genannten Voraussetzungen auch tatsächlich gegeben sind. Ganz wichtig ist hierbei, dass der Hund zu diesem Zeitpunkt gelernt hat, den 10-Meter-Radius einzuhalten, sodass Sie jederzeit die Möglichkeit haben, auf die Leine zu treten oder diese aufzunehmen.

01 Auch das Kommen auf Zuruf üben Sie zunächst am besten in ablenkungsfreier Umgebung.

02 Schon beim Rufen bewegen Sie sich zügig vom Hund weg.

03 Bewegt sich der Hund auf Sie zu, gibt es freudige Anfeuerungsrufe

04 Ist er bei Ihnen, geben Sie sofort das Leckerchen und greifen ins Halsband, um ihn bei sich zu halten.

Ihre Übungen machen Sie wie gehabt weiter. Sollte der Hund auf Ihre Richtungswechsel oder auf Ihr Rufen nicht prompt reagieren, nehmen Sie die Leine so schnell wie möglich auf und bewegen sich vom Hund weg, um durchzusetzen, dass er Ihnen sofort folgt. Müssen Sie sich zu häufig nach der Leine bücken, weil der Hund keine schnelle Reaktion zeigt, müssen Sie wieder einen Schritt zurückgehen und noch eine Weile mit der Schleppleine in der Hand arbeiten. Haben Sie hingegen mit der Leine am Boden ohne oder mit wenig Ablenkung guten Erfolg, soll nun langsam und schrittweise wieder mehr Ablenkung gesucht werden. Gehen Sie auf keinen Fall zu schnell vor! Die Leine muss auch weiterhin innerhalb des eintrainierten Radius für Sie greifbar bleiben, sodass im Falle eines Falles reagiert werden kann. Keinesfalls darf der Hund erneut die Erfahrung machen, dass er Ihr Rufen ignorieren kann.
Wie schnell Sie das Stadium erreichen, dass der Hund bei am Boden schleifender Schleppleine gut auf Ihr Rufen und auf Ihre Körperwendungen reagiert, hängt von so vielen Faktoren ab, sodass selbst eine grobe Faustregel schwer anzugeben ist.

Ein Pfiff kann den Rückruf gut ersetzen.

Es gibt Hunde, die benötigen Wochen, andere hingegen Monate. Manche Hunde haben erst eine kurze Lebensphase hinter sich, in der sie gelernt haben, nicht zu hören. Andere hingegen haben womöglich schon einen reichen Erfahrungsschatz gesammelt. Dann gibt es Hundebesitzer, die durch eine massive Verhaltensumstellung ihrerseits im Alltag dem Hund gegenüber eine solche Souveränität erlangen, dass die Schleppleine bereits nach kurzer Zeit überflüssig wird. Anderen hingegen gelingt es nicht, dem Hund im Alltag weniger „Verwöhnaroma“ zukommen zu lassen, was alle ihre Bemühungen mit der Schleppleine und sonstigen Hilfsmitteln zunichte macht.

SCHRITT 6: ABBAU DER SCHLEPPLEINE

Sind Sie nun mit dem Verhalten des Hundes an der Schleppleine zufrieden, so können Sie dazu übergehen, diese schrittweise zu verkürzen, d. h. Woche für Woche ca. 50 cm abzuschneiden. Lassen Sie sich möglichst nicht verleiten, die Leine von heute auf morgen einfach komplett wegzulassen. Ihr Hund ist nicht dumm, er hat die verstärkte Kontrolle Ihrerseits in den letzten Wochen durchaus bemerkt und mit einem gewissen Gewicht, das an seinem Hals baumelt, verknüpft. Daher sollte der Abbau der langen Leine möglichst unbemerkt vonstattengehen. Es empfiehlt sich insbesondere bei schwierigeren Kandidaten, einen letzten Rest der Leine hängen zu lassen (ca. 1 bis 2 m), um dem Hund das Gefühl der ständigen Kontrolle zu geben.
Neben den bislang beschriebenen Maßnahmen gibt es noch die Möglichkeit, sogenannte Abbruchsignale einzusetzen, um den Hund zum Ablassen einer Handlung und zum Herankommen zu bewegen, wie z. B. ein konditioniertes „Nein“. Während ein konditioniertes „Nein“ (siehe Seite 112) vom Hundebesitzer selbst eingeführt werden kann, sollten andere Abbruchsignale ausschließlich mit fachlicher Unterstützung angewandt werden.
Hat Ihr Hund bereits regelmäßig gewildert, egal ob mit oder ohne Beutebestätigung, so werden Sie höchstwahrscheinlich mit den beschriebenen Übungen keinen hundertprozentigen Erfolg haben und sollten professionelle Hilfe in Anspruch nehmen.

TRAININGSPLAN **SCHLEPPLEINENTRAINING**

SCHRITTE	WIE WIRD'S GEMACHT?	WO UND WIE OFT?	HILFE, ES KLAPPT NICHT!	LERNZIEL
01	Hund trägt breites Halsband (kein Ketten-, kein Zughalsband). 5-Meter-Leine aufwickeln. Aufgewickelten Teil in linker, Schlaufe in rechter Hand halten, loslaufen. Nach einigen Metern aufgewickelten Teil loslassen, Schlaufe bleibt in rechter Hand, umdrehen, schnell in entgegengesetzte Richtung laufen. Kommt Hund schnell hinterher, stehen bleiben. Hund loben, Leckerchen geben; doch nur, wenn er Kontakt aufnimmt. Bleibt er ignorant oder läuft an Ihnen vorbei, gibt's nichts. Nach den Übungen Spaziergang an der schleifenden 5-Meter-Leine fortsetzen, Leine bleibt in der Hand. Richtungswechsel ohne Worte durchführen, v. a. dann, wenn Hund an Leine zieht.	Auf ruhigen, wenig frequentierten Spazierwegen ohne Ablenkung. Zu Beginn und während des Spaziergangs. Mindestens fünf- bis sechsmal täglich mehrere kleine Einheiten. Richtungswechsel an unaufgerollter Leine bei jedem Spaziergang häufig und bei jedem Ziehen des Hundes. Sobald Hund Wendungen problemlos mitvollzieht, kann Ablenkung langsam gesteigert werden. Circa ein bis zwei Wochen, evtl. länger.	Unbedingt Übungen auf zehn- bis zwanzigmal täglich steigern. Tempo in der Übung beim Weglaufen vom Hund erhöhen. Bei starker Ignoranz des Hundes Kapitel Konsequenz im Alltag beachten (ab Seite 160). Futter reduzieren.	Der Hund orientiert sich an der 5-Meter-Leine gut an Ihnen, vollzieht die Richtungswechsel ohne Ablenkung gut bis sehr gut mit, ohne in das Leinenende zu rennen. Auf den Spaziergängen hält er den Radius der Leine ohne großes Gezerre ein.
02	Zur 10-Meter-Leine wechseln (erst, wenn Lernziel Schritt 1 erreicht ist!). Zunächst ohne Ablenkung. Leinenende in der Hand behalten. Wortlose Richtungswechsel zur Orientierungsfestigung. Für das Hörzeichen „Hier", Hund rufen und gleichzeitig schnell von ihm weglaufen. Hund dicht herankommen lassen, am Halsband fassen, Leckerchen geben, mit „Lauf" freigeben.	Bei jedem Spaziergang, auf ruhigen Wald- und Feldwegen. Bei jedem Spaziergang, mehrmals täglich. Hund darf in dieser Phase keinesfalls ohne Schleppleine laufen! Mehrere Wochen lang.	Womöglich sind Sie zu schnell vorgegangen und müssen noch etwas länger an Schritt 1 arbeiten. Häufiger üben. Ansonsten siehe Schritt 1. Evtl. Orte mit weniger Ablenkung aufsuchen.	In Umgebung mit geringer Ablenkung reagiert der Hund schnell sowohl auf Zuruf als auch auf Richtungswechsel. Er hält den Radius der 10-Meter-Leine gut ein.
03	Mit Schleppleine in der Hand langsam (!) Ablenkung steigern, z. B. den Hund abrufen, wenn er an etwas schnuppert oder etwas am Horizont sieht (Spaziergänger etc.). Auch wortlose Richtungswechsel vermehrt unter Ablenkungsreizen durchführen. Ansonsten wie oben.	Auf Spaziergängen an etwas mehr frequentierten Orten, im Garten (an Schleppleine denken!), bei jeder Gelegenheit. Täglich mindestens zwanzigmal rufen und zwanzigmal wortlose Richtungswechsel. Mehrere Wochen lang.	Evtl. zu schnelles Vorgehen. Noch länger ohne Ablenkung üben. Übungen an 5-Meter-Leine einige Tage verstärkt wieder aufnehmen. Ansonsten siehe Schritt 1 und 2.	Hund lässt sich bei mittlerer Ablenkung mit der Schleppleine in der Hand problemlos und prompt abrufen. Bei Richtungswechseln läuft er sofort hinterher, ohne dass Sie ziehen oder rufen müssen.
04	Zunächst ohne Ablenkung Leine aus der Hand fallen und am Boden schleifen lassen (Hund muss 10-Meter-Radius gut einhalten). Weiter üben wie gehabt, reagiert Hund nicht prompt, sofort Leine aufnehmen und vom Hund wegbewegen. Dann langsam mit am Boden schleifender Leine mit mehr Ablenkung üben. Klappt es mehrere Wochen gut, darf Schleppleine schrittweise gekürzt werden.	Auf jedem Spaziergang. Ablenkung schrittweise steigern. Mehrere Wochen. Mindestens zwanzigmal täglich. Ist Ihr Hund gerade in der Pubertät, deren Ende abwarten, bevor man mit dem Kürzen der Leine beginnt.	Zu schnell vorgegangen? Wieder verstärkt mit Leine in der Hand üben, evtl. unter geringerer Ablenkung. Fütterung und Alltagsregeln prüfen. Ist Konsequenz Ihrerseits gegeben, kann der Einsatz von Abbruchsignalen unter fachlicher Anleitung erwogen werden.	Sie können Ihren Hund auch aus schwierigen Situationen heraus problemlos rufen.

ALLGEMEINE REGELN FÜR DAS KOMMEN AUF ZURUF

Immer Leckerchen geben Ab sofort bekommt Ihr Hund immer ein Leckerchen, wenn er auf Ihr Rufen reagiert hat, auch dann, wenn Sie mit der Schleppleine etwas nachgeholfen haben. Der richtige Zeitpunkt, die Leckerchen einzustellen, ist dann gekommen, wenn Sie mit dem Herankommen des Vierbeiners zufrieden sind. Auch dann sollte jedoch weiterhin eine gelegentliche, unregelmäßige Belohnung erfolgen, damit die Erwartungshaltung des Hundes gleichmäßig hoch bleibt.

Keine Strafe bei verspätetem oder nicht erfolgtem Herankommen Den Hund zu strafen, wenn er kommt, muss absolut tabu sein. Auch wenn es Ihnen so vorkommen mag: Das angebliche schlechte Gewissen des Hundes ist reines Beschwichtigungsverhalten, mit dem der Hund versucht, Strafe zu vermeiden. Er tut dies, weil er unseren Ärger riechen kann (kein Scherz!), auch ohne dass wir eine Miene verziehen, oder weil er sich an andere Strafaktionen ähnlicher Art erinnert. Wenn Strafe für nicht erfolgtes Herankommen sinnvoll wäre, müsste sie auch ein sinnvolles Ergebnis nach sich ziehen. Das Herankommen des Hundes müsste sich nach einigen Strafen deutlich bessern. Das tut es aber nicht, und wenigstens diese Tatsache sollte überzeugend genug sein.

Auch ohne Leckerchen: Lob und Freude müssen sein …

Nicht nur zum Anleinen rufen Sofern Sie sich von unserer Argumentation überzeugen lassen und fleißig mit der Schleppleine arbeiten, werden Sie kaum in die Verlegenheit geraten, den Hund nur zum Anleinen heranzurufen, da er ja ohnehin angeleint ist. Aber schließlich soll es auch noch ein „Leben nach der Schleppleine" geben, und hierbei ist darauf zu achten, dem Hund das Herankommen nicht dadurch zu verleiden, dass er nur gerufen wird, um an die Leine genommen zu werden.

Kein ständiges oder mehrfaches Rufen Ständiges Rufen verführt den Hund zur Unaufmerksamkeit, da sein Gehör ihn problemlos wissen lässt, wo wir uns gerade befinden, ohne dass er auch nur den Kopf heben muss. Rufen Sie Ihren Hund mehrfach, bis Sie eine Reaktion erwarten, so lernt er lediglich, dass beim ersten Rufen immer noch lange genug Zeit ist, sich in Bewegung zu setzten.

Nie vergeblich rufen Mit dem richtigen Einsatz der Schleppleine werden Sie kaum in die Verlegenheit kommen, den Hund vergeblich rufen zu müssen. Machen Sie sich jedoch klar, dass es sehr wohl auch von Bedeutung ist, wenn Sie ihn an anderer Stelle als auf dem Spazierweg vergeblich rufen. Holen Sie den Hund, wenn es sein muss, lieber ruhig ein, ohne ihm hinterherzurennen. Denken Sie auch an Alltagssituationen im Haus oder Garten, die schnell zu vergeblichem Rufen führen können.

KANN DER HUND NUR KOMMEN LERNEN?

Immer wieder wenden sich Kunden mit dem Anliegen an uns, der Hund solle nur kommen, wenn er gerufen werde, und auch das genüge ihnen völlig in schwierigen Situationen. Begleitet wird diese Aussage häufig mit dem Zusatz, alles andere sei nicht wichtig, man wolle schließlich keinen Zirkusclown. Dazu muss man sich klarmachen, dass der Hund, wenn er auf Zuruf zu uns kommt, sehr häufig gegen seine eigenen Interessen handelt. Zumindest dann, wenn er zugunsten des Hörzeichens „Hier" darauf verzichtet, einen Jogger, Hasen o. Ä. zu verfolgen, zu einem Artgenossen zu rennen oder eine interessante Geruchsstelle links liegen lässt etc. In der Regel ist der Verzicht auf Eigeninteresse zugunsten eines menschlichen Hörzeichens für den Hund nur dann machbar, wenn er seinen Menschen im Alltag als souveräne Führungspersönlichkeit erlebt, und das bedeutet Arbeit. Arbeit an der eigenen Persönlichkeit, die viel lieber verwöhnen als reglementieren möchte, Arbeit an der eigenen Konsequenz, weil man viel lieber ignorieren würde, dass der Hund noch nicht einmal „Platz" macht, sobald er minimal abgelenkt ist. Um ein solches Ziel wie zuverlässiges Herankommen zu erreichen, gibt es keine „Hundeerziehung light". Betrachten Sie dies im positiven Sinn als persönliche Herausforderung.

... oder – je nach Anlass – ein Jackpot.

Denken Sie an das Freigeben mit „Lauf".

Kein Hörzeichen „Sitz" entgegenrufen Läuft Ihr Hund freudig auf Sie zu, so sollten Sie ihm kein „Sitz" entgegenrufen. Die meisten Hunde empfinden ein erneutes Hörzeichen auf dem Weg zum Besitzer kaum als Belohnung, sondern im Gegenteil eher als Belästigung. Hingegen ist es durchaus möglich, nonverbal über Körpersprache (Leckerchen über die Nase halten) ein Sitzen des Hundes zu provozieren, um mehr Ruhe in die Übung zu bekommen.

Situationen geschickt ausnutzen Läuft Ihr Hund ohnehin gerade freudig auf Sie zu (und nicht freudig an Ihnen vorbei!), unterstützen Sie dies ruhig gelegentlich mit dem entsprechenden Hörzeichen. So können Sie eine optimale Verknüpfung, insbesondere in der Lernphase, unterstützen. Wie beim Welpen auch, können Sie die „Komm"-Übung mit der Fütterung verbinden.

Keine Spaziergänge mit unerzogenen Hunden
Hunde aller Altersstufen lassen sich häufig durch Artgenossen zu Verhaltensweisen animieren, die ihnen allein nicht unbedingt in den Sinn gekommen wären. Ein schlechtes Vorbild ist jedoch das Letzte, was man brauchen kann, wenn man den eigenen Hund auf die „richtige Spur" bringen möchte.

Spaziergänge in wildreichen Gegenden
Diese sollten Sie in der ersten Übungsphase vermeiden. Begeben Sie sich in wildreiches Gebiet, so sollte dies vor allem zu Übungszwecken in fortgeschrittenem Stadium sein.

Belohnungen variieren
Bleiben Sie überraschend: Mal gibt es ein Rennspiel, mal ein besonders tolles Leckerchen, ein spannendes Suchspiel (Leckerchen oder Spielzeug) oder der Futterdummy fliegt.

Bauen Sie die Futterbelohnung nicht zu früh ab!

NICHT VOM WEG ABKOMMEN

Etwas Konsequenz und Fleiß vorausgesetzt, kann jeder Hund lernen, auf dem Weg zu bleiben und nicht in hohen Wiesen oder im Unterholz zu stöbern. Dies hat mehrere entscheidende Vorteile:

- Sie haben Ihren Hund immer im Blick.
- Die Gefahr, dass der Hund Wild aufstöbert, ist wesentlich geringer.
- Wild und andere Tiere werden nicht belästigt.

Idealerweise sind Sie noch im Anfangsstadium des Schleppleinentrainings und können den Hund auf den Weg ziehen. Ohne Schleppleine sollten Sie dieses Training nicht beginnen, da der Hund so womöglich nur lernt, dass Sie sich nicht durchsetzen können.

Jedes Mal wenn Ihr Hund den Weg verlässt, sagen Sie „Raus da“ oder etwas Ähnliches. Verwenden Sie aber stets das gleiche Hörzeichen. Sobald der Hund eine Pfote wieder auf den Weg zurücksetzt, loben Sie ihn mit freundlicher Stimme. Der Hund soll also nicht bis zu Ihnen kommen, sondern nur wieder auf den Weg gehen. Unterstützend zeigen Sie ihm, dass auf „Raus da“ ein Leckerchen auf dem Weg kullert. Rufen Sie den Hund nicht mit „Komm“ oder seinem Namen.

Sobald der Hund anfängt, im Gebüsch zu stöbern ...

... rufen Sie ihn z. B. mit „Raus da“.

Sobald er reagiert, wird ein Leckerchen als Belohnung geworfen.

„NEIN"

UNTERSCHEIDUNG VON „NEIN" UND „AUS"

Ein sinnvolles, alltagstüchtiges Hörzeichen ist das „Nein", das wir vom „Aus" unterscheiden wollen. Wozu diese Unterscheidung? Machen wir uns zunächst einmal klar, was wir von dem Hund im Alltag so alles wollen. Einen bestimmten Raum soll er nicht betreten, seinen Ball soll er herausgeben und erst recht den unappetitlichen Müll, den er vom Komposthaufen gemopst hat. Des Weiteren soll er an niemandem hochspringen, die Schaufel von Nachbars Kleinkind herausrücken und so weiter und so fort. Eine ganze Menge Anforderungen, die sich vor allem durch eines unterscheiden: Einmal soll der Hund dazu aufgefordert werden, eine bestimmte Handlung zu unterlassen: „Nein, das sollst du nicht tun!" Ein anderes Mal soll er etwas, was er in seinem Fang hat, herausgeben: „Aus" (Aufbau des Hörzeichens „Aus" Seite 116).
Die kleine Aufzählung von Situationen, die sich endlos fortsetzen ließe, reicht sicherlich aus, um die große Bedeutung gerade des Hörzeichens „Nein" herauszustellen: Ständig werden wir im Alltag damit konfrontiert, den Hund zur Unterlassung einer bestimmten Handlung aufzufordern.

DIE BEDEUTUNG VON „NEIN" LERNEN

Wie bei allen anderen Hörzeichen auch, ist es zunächst oberste Handlungsmaxime, dem Hund beizubringen, was mit „Nein" gemeint ist. Viele wohlmeinende Hundebesitzer zäumen das Pferd von hinten auf: Der Hund tut etwas, was er nicht darf, knabbert beispielsweise am neuen Perserteppich, worauf er zum ersten Mal in seinem Leben ein empörtes „Nein" zu hören bekommt. Möglicherweise erkennt er am Ton der Stimme, dies jedoch nur bei entsprechend energischen Menschen, dass er etwas Verbotenes tut. Wahrscheinlicher ist ein erstauntes, verständnisloses Aufblicken; mit etwas Glück wendet sich der Hund einer anderen Sache zu, um kurze Zeit später wieder den Teppich zu bearbeiten. In der beschriebenen Situation hatte der Hund noch nicht die Gelegenheit zu lernen, was „Nein" überhaupt bedeutet, er kann dieses für ihn bedeutungslose Wort noch nicht mit Inhalt füllen. Geben wir ihm also zunächst die Möglichkeit zu lernen, dass der Inhalt folgender ist: „Unterlasse, was du gerade tust oder zu tun beabsichtigst!"

SCHRITT 1: AUFBAU VON „NEIN" MIT LECKERCHEN

Bewährt hat sich der Aufbau zum Erlernen dieses Hörzeichens mithilfe eines Leckerchens. Dieses sollte nicht zu klein sein, ein mittelgroßer Hundekuchen erfüllt hier gut seinen Zweck. Begeben Sie sich mit Ihrem Vierbeiner zunächst in ablenkungsfreie Umgebung. Die Ruhe Ihres Wohnzimmers ist hierfür gerade recht. Setzen Sie sich zu dem Hund auf den Boden, halten Sie den Hundekuchen auf Ihrer geöffneten Handfläche (in erreichbarer Nähe). Der Hund wird nun versuchen, das Futter zu nehmen, aber im gleichen Moment ertönt Ihr strenges und deutliches „Nein" und Ihre Hand schließt sich um den Hundekuchen, sodass der Hund nicht daran gelangen kann. Da davon auszugehen ist, dass sich der Hund bis zum jetzigen Zeitpunkt der Bedeutung dieses Hörzeichens noch nicht klar ist, wird er versuchen, den Hundekuchen zu bekommen, indem er beispielsweise an Ihrer Hand leckt oder gar herumkratzt. Ignorieren Sie dies und warten Sie ruhig ab, bis er aufgibt. Nun wiederholen Sie die Übung. Jetzt kommt es auf das richtige Timing an: Just in dem Moment, in dem die Schnauze des Hundes in Richtung Leckerchen geht, sollte ein erneutes, energisches „Nein" ertönen. Warten Sie mit dem Hörzeichen

01

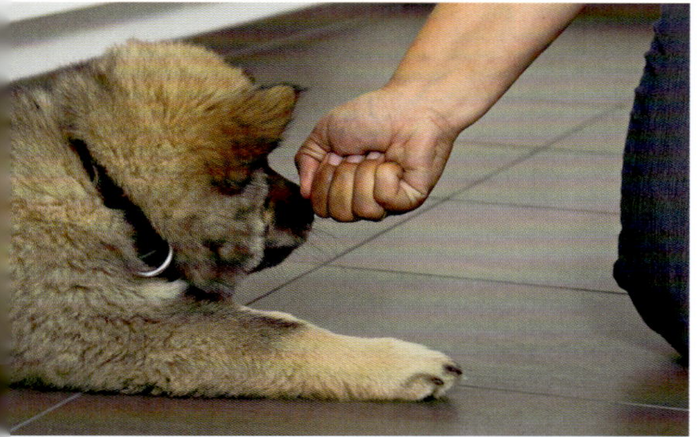

02

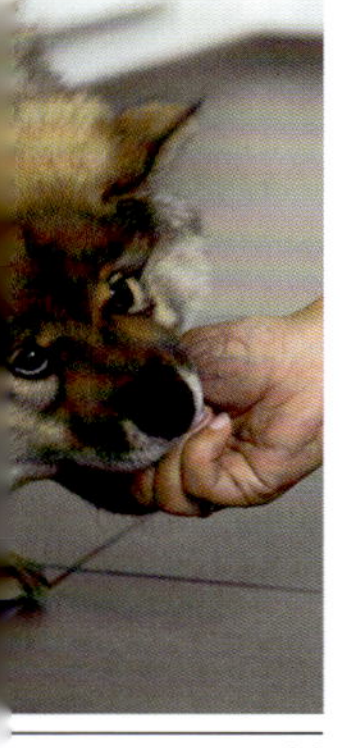

03

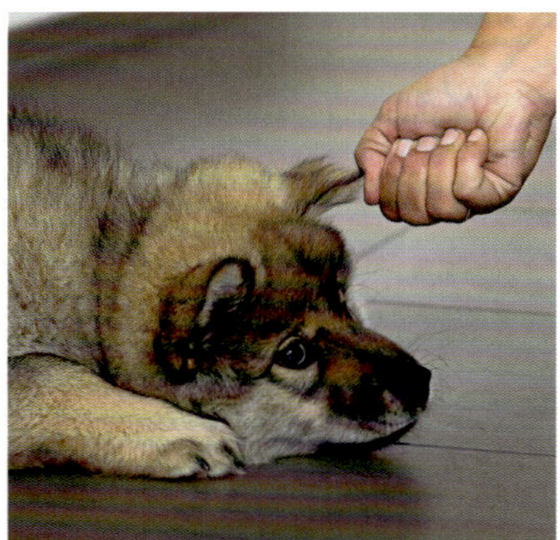

04

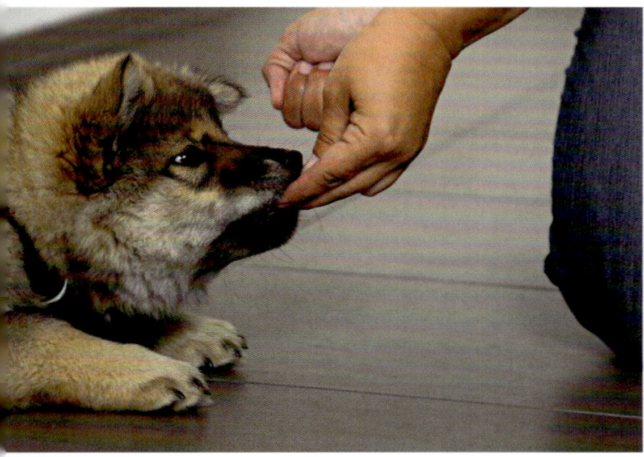

05

nicht, bis Ihr Liebling bereits mit der Schnauze am Hundekuchen angelangt ist, und decken Sie sicherheitshalber wieder mit der Hand das Objekt der Begierde ab. Fatal wäre es, wenn der Hund in dieser Lernphase schneller wäre als Sie und Ihr „Nein" in dem Moment erfolgen würde, in dem der Hund sich den Hundekuchen schmecken lässt. Hier gilt das, was für alle anderen Hörzeichen in der Hundeerziehung ebenso Gültigkeit hat und nicht oft genug wiederholt werden kann, da es leider aus unserer Sicht einer der gravierendsten Fehler überhaupt ist, mit dem wir in unserer täglichen Praxis konfrontiert sind: Erfolglos (aus Sicht des Menschen) gegebene Hörzeichen werden bagatellisiert und in ihren Auswirkungen auf den Erziehungsstand des Hundes völlig unterschätzt. Dies gilt sowohl für die Lernphase als auch für die Festigungs- und Sicherungsphase. Ein mehrfach gegebenes „Nein", um zu erreichen, dass der Hund eine Handlung unterlässt, ein fünfmaliges „Sitz", um zu erreichen, dass der Hund an der Ampel nicht auf die Straße tritt, ein zehnfaches „Komm", weil man den Spaziergang abbrechen möchte oder muss, ist leider als Siebenmeilenstiefel in Richtung „unerzogener Hund" zu werten.
Speziell bezogen auf unsere Übungsssituation heißt das, dass erstens der Hund den Hundekuchen unter keinen Umständen erhaschen darf, wenn Ihr „Nein" ertönt ist. Zweitens bedeutet das, dass Sie das Hörzeichen im Ernstfall auf keinen Fall verwenden dürfen, solange Sie sich nicht sicher sind, dass es auch befolgt wird bzw. der Hund so kontrolliert werden kann, dass eine Missachtung unmöglich ist. Zugegeben, keine einfache Aufgabe, aber mit lohnenswertem Resultat. Nach einigen Wiederholungen versuchen die meisten Hunde nicht mehr, an das Leckerchen zu gelangen. Dies ist der richtige Zeitpunkt, um dem nun frustrierten kleinen Kerl den Hundekuchen mit einem deutlichen „Nimm's" zu reichen.

01 Das Leckerchen in der geöffneten Hand anbieten.

02 Mit einem deutlichen „Nein" die Hand schließen.

03 Wenn der Hund versucht, an das Leckerchen zu kommen ...

04 ... ignorieren Sie das und warten, bis er aufgibt.

05 Jetzt bekommt er es mit „Nimm's".

SCHRITT 2: VERSCHIEDENE ÜBUNGSORTE UND ÜBUNGSZEITEN ÜBEN

Zur weiteren Festigung des Hörzeichens ist eine regelmäßige Wiederholung der Übung nötig. Üben Sie an verschiedenen Plätzen Ihrer Wohnung zu unterschiedlichen Zeiten. Des Weiteren legen Sie den Hundekuchen nicht mehr auf Ihre Hand, sondern vor sich auf den Boden. Bereits beim Hinlegen des Leckerchens machen Sie mit einem „Nein“ Ihren Besitzanspruch auf das Objekt deutlich.

Sobald der Hund Ihr „Nein“ akzeptiert hat, wenn der Hundekuchen unmittelbar vor Ihnen liegt, legen Sie ihn wenige Zentimeter von sich weg, immer mit dem Hörzeichen „Nein“. Achten Sie darauf, dass Sie immer die Kontrolle behalten und jedem Versuch des Hundes zuvorkommen können. Dehnen Sie die Übung nie zu lange aus, sobald Sie das Gefühl haben, der Hund hat das „Nein“ akzeptiert, brechen Sie die Übung ab und stecken den Hundekuchen weg.

SCHRITT 3: SCHWIERIGKEITSGRAD STEIGERN

Sind Sie sehr erfolgreich, so können Sie auch mal vor den Fütterungszeiten üben, dies aber bitte erst im fortgeschrittenen Stadium. Vergessen Sie dann bitte nicht, für die Bereitstellung des Futters ein deutliches „Nimm’s“ zu etablieren, damit der Hund unterscheiden lernt.

Sie können die Festigung des Hörzeichens nach einiger Weile des (erfolgreichen!) Übens noch dahingehend steigern, dass Sie den Hund nach Ihrem „Nein“ scheinbar nicht mehr ständig im Blick behalten, sondern so tun, als wären Sie mit etwas anderem beschäftigt, z. B. dem Lesen einer Zeitschrift. Dennoch sollte der Hundekuchen auch hier in Ihrem unmittelbaren Einwirkungsbereich liegen, sodass Sie zur Not immer noch den Fuß daraufstellen können. Bedenken Sie immer die Fatalität sinnlos gegebener Hörzeichen für den kompletten Erziehungserfolg!

Zur spannenden Frage, ab wann man erwarten kann, dass der Hund denn auch im Ernstfall das tut, was wir uns wünschen, wenn wir „Nein“ sagen, nämlich eine Handlung unterlassen, müssen wir vor allem auf die Kapitel „Konsequenz im Alltag“ (ab Seite 152) sowie „Unterbindung des Manipulationsverhaltens“ (ab Seite 161) verweisen. Nur durch die dort beschriebenen Maßnahmen ist es bei einer Vielzahl von Hunden zu erreichen, dass bestimmte Übungen wie „Sitz“, „Platz“, „Aus“, „Nein“ etc. ihren Übungscharakter verlieren und für den Hund durch unsere Alltagssouveränität und Konsequenz zum tatsächlichen Bestandteil seines Verhaltens werden. Zum Schluss dieses Kapitels soll darauf hingewiesen werden, dass die beschriebene Übung zur Etablierung des Hörzeichens „Nein“ nicht bei futteraggressiven Hunden angewendet werden darf.

Das Ziel: den Hund jetzt abrufen zu können!

TRAININGSPLAN „NEIN“

SCHRITTE	WIE WIRD'S GEMACHT?	WO UND WIE OFT?	HILFE, ES KLAPPT NICHT!	LERNZIEL
01	Leckerchen (möglichst groß, ein bis zwei Zentimeter Durchmesser) auf die Handfläche legen und dem Welpen zeigen. Sobald er es anschaut, Hand schnell verschließen und deutliches „Nein“ sagen.	Im Haus ohne Ablenkung. Ein- bis zweimal täglich, bis der Welpe auf „Nein“ nicht mehr versucht, das Leckerchen zu bekommen (in der Regel nach fünf- bis zehnmal der Fall)	Mit strengerer Stimme „Nein“ sagen. Sehr aufdringliche Welpen, die auch auf eine strenge Stimme nicht reagieren, energisch mit der Hand wegschieben.	Welpe akzeptiert, das Futter nicht nehmen zu dürfen. Welpe bekommt Vorstellung davon, dass „Nein“ „Du-darfst-nicht“ bedeutet.
02	Leckerchen wird mit Hörzeichen „Nein“ auf den Boden gelegt (Achtung, Hand daneben lassen, damit das Leckerchen schnell „gerettet“ werden kann!).	Im Haus ohne Ablenkung. Wie oft s. o.	Zurück zu Schritt 1 gehen.	Welpe versucht nicht, an das Futter zu gelangen. Festigung des Hörzeichens „Nein“.
03	Leckerchen (z. B. in Brötchentüte etc. geschützt) in kleinem Abstand zum Hund fallen lassen, gleichzeitig „Nein“ sagen.	Im Haus ohne Ablenkung, danach auch bei Spaziergängen. Wie oft s. o.	Zurück zu Schritt 2 gehen.	Welpe respektiert das „Nein“.
04	Nun möglichst unterschiedliche Objekte mit „Nein“ tabuisieren. Attraktivität der Objekte (bis hin zur Wurst) steigern, doch immer darauf achten, die Kontrolle zu behalten.	Überall. Mehrmals pro Woche. Bei sehr gutem Erfolg einmal wöchentlich mit unterschiedlichen Objekten während der ganzen Pubertätsphase.	Zurück zu Schritt 3 gehen. Kriterien der ganzheitlichen Hundeerziehung verstärkt beachten.	Ein Transfer und eine Generalisierung des Hörzeichens „Nein“ findet statt.
05	Sind Sie bei allen vorherigen Schritten erfolgreich, dürfen Sie nun „Nein“ als Abbruchsignal im Alltag einsetzen, wenn Sie dem Hund „Du-darfst-nicht“ sagen müssen.	Immer.	Zurück zu Schritt 3 und 4 gehen. Konsequent auf ganzheitliche Erziehungskriterien setzen.	Hund bricht auf „Nein“ unerwünschtes Verhalten ab.

„AUS"

LERNZIEL

Der Hund soll lernen, auf das Hörzeichen „Aus" sofort fallen zu lassen, was sich gerade in seinem Maul befindet.

HÖRZEICHEN

Als Hörzeichen hat sich „Aus" bewährt. Sie haben mehrere Möglichkeiten, dies mit Ihrem Hund zu üben.

TAUSCHMETHODE MIT LECKERCHEN

Die erste Möglichkeit besteht darin, dem Hund sozusagen im Tausch ein Leckerchen anzubieten. Der Vorteil dieser Methode ist, dass sie gewaltfrei ist, der Nachteil, dass sie nur durchgesetzt werden kann, wenn sich der Hund in Ihrem direkten Einflussbereich befindet. Ist der Hund einige Meter von Ihnen entfernt, z. B. beim Spaziergang, und nimmt unterwegs irgendetwas auf, wird es Ihnen schwerfallen, schnell genug mit dem Leckerchen in der Hand bei Ihrem Hund anzukommen. Sinnvoll ist die Tauschmethode, um dem Hund z. B. beizubringen, sein Spielzeug herzugeben. Können Sie den Hund mit seinem Spielzeug nicht zu sich rufen, sollten Sie an der Leine mit ihm spielen (ab Seite 190). So kann sich der Hund nicht entziehen, und Sie können im Spiel „Aus" mit Leckerchen üben.

01

03

HÖRZEICHEN IM NACHHINEIN GEBEN

Halten Sie dem Hund das Leckerchen direkt vor die Nase. In den ersten Tagen Ihres Trainings sagen Sie erst „Aus", wenn der Hund das Maul geöffnet hat, bitte nicht vorher. Geben Sie ihm die Möglichkeit, erst einmal zu lernen, was Sie von ihm wollen, bevor Sie Hörzeichen geben, die der Hund möglicherweise nicht befolgt, sonst lernt der Hund blitzschnell, Hörzeichen zu ignorieren, statt sie zu befolgen. Das Timing muss stimmen. Das Leckerchen wird über die Nase des Hundes gehalten. Sobald er sein Spielzeug fallen lässt, geben Sie das Hörzeichen „Aus". Um zu erreichen, dass der Hund zuverlässig lernt, darauf zu reagieren, ist Fleiß unbedingt erforderlich. Bei drei- bis viermaligem Üben in der Woche wird der Hund kaum lernen, zuverlässig sein Spielzeug fallen zu lassen.

TAUSCHMETHODE MIT SPIELZEUG

Als Alternative zur Tauschmethode mit Leckerchen können Sie auch ein zweites, identisches Spielzeug wählen, das Sie dem Hund über die Nase halten. Ansonsten ist die Vorgehensweise die gleiche wie oben, ebenso die Vorteile, leider auch die Nachteile.

DIE HALTEMETHODE

Eine ausgezeichnete Methode, dem Hund beizubringen, Stöckchen oder Spielzeug herzugeben, ist die Haltemethode. Auch hier muss sich der Hund in Ihrem direkten Einflussbereich befinden. Für Fressbares ist diese Methode allerdings nicht geeignet. Fassen Sie dem Hund mit dem einen Arm unter den Bauch, mit dem anderen vor die Brust. Ziehen Sie ihn dabei ruhig und fest an sich, sodass er stehen bleiben muss. Halten Sie ihn so ruhig wie möglich. Sprechen Sie ihn nicht an, sondern strahlen Sie einfach nur so viel Ruhe wie möglich aus. Der Hund wird nach einiger Zeit sein Spielzeug fallen lassen. Es gibt Hunde, bei denen es nur wenige Sekunden dauert, bis sie sich so entspannen, dass ihnen das Spielzeug automatisch aus dem Maul fällt. Andere jedoch haben wir schon bis zu mehreren Minuten in der beschriebenen Weise gehalten, ehe sie bereit waren, ihr Spielzeug fallen zu lassen. Hierbei handelte es sich jedoch immer um erwachsene Hunde, die ohnehin alles ungern oder gar nicht hergaben. Die weitaus meisten Hunde jedoch, egal ob jung oder alt, lassen das Spielzeug nach kürzester Zeit fallen.

01 Bieten Sie dem Hund das Leckerchen als Tauschobjekt für das Spielzeug an.

02 In dem Moment, in dem er das Maul öffnet, geben Sie das Hörzeichen „Aus".

03 Wenn Ihr Hund Spielzeug mehr liebt als Leckerchen, ...

04 ... kann man auch Spielzeug mit „Aus" eintauschen.

Bei der Haltemethode wird der Hund um den Bauch und vor der Brust gehalten.

Auch hier gilt: Geben Sie das Hörzeichen erst, wenn der Hund entspannt ist und das Spielzeug fallen lässt.

Auch hier gilt: Geben Sie kein Hörzeichen, bevor der Hund das gewünschte Verhalten zeigt. Diese Methode ist überraschend einfach und zuverlässig. Man kann immer darauf zurückgreifen, wenn der Hund einmal sein Spielzeug gar nicht hergeben will. Genauso gut kann man einem Hund mit dieser Methode zuverlässig „Aus“ beibringen. Dann muss man jedoch schrittweise vorgehen und darf die Handlung per Hörzeichen erst dann einfordern, wenn man sicher ist, dass der Hund das Hörzeichen sofort befolgt.
Zehnmaliges Einfordern nach dem Motto „Aus, lass jetzt! Aus, gib's endlich!“ usw. ist, wie überall in der Hundeerziehung, kontraproduktiv, da der Hund hierbei lernt, den Menschen und seine Wünsche zu ignorieren.

Wichtig! Die Haltemethode darf bei Hunden mit Aggressionsproblemen nicht angewandt werden.

„LASS FALLEN“

SCHRITT 1

Wie immer ohne Ablenkung, am besten in einem geschlossenen Raum. Während Ihr Hund einfach nur im Raum ist, werfen Sie eine Handvoll Leckerchen auf den Boden und sagen gleichzeitig „Aus“. Schnipsen Sie Leckerchen, die Ihr Hund noch nicht gefunden hat, über den Boden. Wiederholen Sie diesen Schritt mehrfach über mehrere Tage hinweg. Sobald der Hund auf das Wort „Aus“ hin den Boden absucht, können Sie zu Schritt 2 gehen.

SCHRITT 2

Spielen Sie mit einem Spielzeug, das für den Hund nur geringe Attraktivität besitzt und „drehen“ Sie ihn nicht zu hoch. Während er das Spielzeug im Maul hat, werfen Sie wieder eine Handvoll sehr attraktiver Leckerchen.

SCHRITT 3

Steigern Sie die Attraktivität des Spielzeugs und wechseln Sie die Trainingsorte.
Lange und ausreichend geübt, erzielen Sie mit dieser Methode ein reflexartiges Fallenlassen.

METHODEN PARALLEL ANWENDEN

Die beschriebenen Varianten können durchaus nebeneinander angewandt werden, sofern sie bei Ihrem Hund generell funktionieren. Ist Ihr Hund z. B. überhaupt nicht an Leckerchen interessiert, dann lassen Sie die Leckerchen-Variante weg.

TRAININGSPLAN „AUS“

SCHRITTE	WIE WIRD'S GEMACHT?	WO UND WIE OFT?	HILFE, ES KLAPPT NICHT!	LERNZIEL
01	Beim kommunikativen Spiel mit dem Welpen Spielzeug gegen gleichwertiges tauschen. Sobald Welpe Spielzeug fallen lässt, Hörzeichen „Aus“.	Im Haus ohne Ablenkung. Ein bis zwei Wochen mehrmals täglich.	Gegen Futter tauschen. Halteübung einsetzen. Maul öffnen und Spielzeug abnehmen.	Welpe lässt Spielzeug fallen. Welpe verknüpft seine Handlung mit dem Hörzeichen „Aus“.
02	Beim kommunikativen Spiel mit dem Welpen „Aus“ fordern, zur Belohnung sofort mit zweitem Spielzeug weiterspielen und erstes wegnehmen.	Im Haus und Garten ohne Ablenkung, bei guten Erfolgen auch auf Spaziergängen und unter langsam steigender Ablenkung. Mehrmals täglich, bis der Welpe gut auf „Aus“ reagiert.	Überprüfen, ob genügend Verknüpfungsübungen stattgefunden haben. Kriterien der ganzheitlichen Erziehung stärker beachten.	Welpe lässt Spielzeug auf Hörzeichen „Aus“ hin fallen.
03	Neben dem kommunikativen Spiel nun immer öfter in anderen Situationen „Aus“ fordern (z. B. Hund mit Kaustange oder geklautem Objekt). Dringend beachten, dass man dem Hund das Objekt bei Nicht-Befolgen abnehmen kann.	Überall. Mehrmals wöchentlich.	Dem Hund bei Nicht-Reaktion auf jeden Fall Objekt abnehmen. Siehe Schritt 2.	Transfer und Generalisierung: Der Welpe lässt jedes Objekt auf das Hörzeichen „Aus“, hin fallen.

WOZU „SITZ“, WOZU „PLATZ“?

Zuverlässiges Kommen auf Ruf ist sicher der wichtigste Punkt in der Hundeerziehung. Trotzdem sollte man vermeiden, alles andere zu vernachlässigen.
Gerade Übungen wie „Sitz“ und „Platz“ sind hervorragende Gehorsamsübungen, da sie bei sorgfältigem Aufbau sehr gut kontrolliert werden können. Je öfter Sie erfolgreich Hörzeichen geben können, umso besser wird Ihr Hund gehorchen. Allerdings sind wir der Meinung, dass „Sitz“ bzw. „Platz“ nur dann sinnvoll sind, wenn der Hund lernt, dass er diese Hörzeichen nicht selbst aufheben darf. Ein zwar leidlich ausgeführtes „Sitz“ oder „Platz“ ist völlig zwecklos, wenn der Hund im nächsten Moment wieder aufspringt. Selbstverständlich ist Erziehung, die vollständig auf „Sitz“ oder „Platz“ verzichtet, möglich. Das Training gibt Ihnen jedoch die Möglichkeit, sich im richtigen Timing und in der Verstärkung im richtigen Moment zu üben und ein Gefühl für konsequentes Verhalten zu entwickeln. Gleichzeitig geben diese konkreten Übungen die Möglichkeit, Kontrolle über den Hund auszuüben. Damit es sich um tatsächliche Kontrolle handelt, ist auf einen sorgfältigen Aufbau mit langsam steigender Ablenkung zu achten, damit es nicht so endet: „Sitz, Sitz, Sitz, mach endlich Sitz, ..., ach, mach doch, was du willst!“

Das Leckerchen über der Nase bringt fast jeden Hund ins „Sitz“.

„SITZ"

LERNZIEL

Der Hund soll sich auf ein einmaliges Hör- und/ oder Sichtzeichen hin setzen und so lange auch unter Ablenkung sitzen bleiben, bis er die Erlaubnis bekommt, wieder aufzustehen.

VORAUSSETZUNGEN UND HILFSMITTEL

„Sitz" kann bereits der ganz junge Welpe lernen, aber auch jeder ältere Hund ist dazu in der Lage. Selbst wenn Ihr Hund bereits „Sitz" beherrscht, sollten Sie noch einmal ganz von vorn anfangen, es sei denn, Ihr Hund bleibt auch unter stärkster Ablenkung (Futter oder anderer Hund) zuverlässig sitzen.
In den ersten Trainingswochen benötigen Sie ein Halsband und eine gewöhnliche Leine (ca. 2 m), danach eine längere Leine (5 bis 10 m), damit Sie den Abstand zum Hund steigern können.

HÖR- UND SICHTZEICHEN

Als Hörzeichen bietet sich natürlich „Sitz" an. Ausgesprochen wird es freundlich und sehr lang gezogen, also „Siietz". Dies dient zur besseren Unterscheidung zum „Platz".
Als Sichtzeichen hat sich der erhobene Zeigefinger bewährt. Der überkommene Weg mit körperlicher Einwirkung, einem Hund „Sitz" beizubringen, ist absolut unnötig – es gibt sehr viel geschicktere Methoden, die mehr Spaß machen!

TRAININGSSCHRITTE

SCHRITT 1: IN ABLENKUNGSFREIER UMGEBUNG ÜBEN

Wir gehen davon aus, dass der Hund mindestens ca. 8 bis 10 Wochen alt ist und beginnen wie bei allen neuen Übungen in reizarmer Umgebung (z. B. zu Hause im Wohnzimmer oder auf einer ruhigen Wiese). Der Hund sollte nicht abgelenkt sein.

Nehmen Sie ein Leckerchen zur Hand – dies sollte möglichst klein sein – und halten Sie es dem Hund über die Nase. Jeder nur halbwegs verfressene Hund wird sich setzen, um Sie und das Leckerchen besser sehen zu können. Just in dem Moment, in dem der Hintern am Boden ankommt, geben Sie das Hör- und Sichtzeichen „Sitz" und das Leckerchen dazu, gleichzeitig loben Sie tüchtig mit der Stimme und geben das Hörzeichen „Lauf". So lernt der Hund gleich zusätzlich ein weiteres Hörzeichen kennen, das wir später noch benötigen werden.

FEHLER VERMEIDEN

Ihr Hund mag keine Leckerchen Hat Ihr Hund kein Interesse an Leckerchen, sollten Sie zum einen dringend die Fütterungssituation kontrollieren. Der Hund darf keinesfalls den ganzen Tag Futter zur freien Verfügung haben, da dies sowohl die Erziehung zur Stubenreinheit als auch die notwendige Futtermotivation in der Erziehung erschwert oder gar unmöglich macht (siehe Seite 44). Zum anderen müssen möglichst attraktive Leckerchen gewählt werden. Die meisten Hunde, auch solche, die etwas wählerischer sind, lieben Lachskekse. Probieren Sie es aus!

Mit Spielzeug ausprobieren Fruchtet dies immer noch nicht, nehmen Sie das Lieblingsspielzeug des Hundes und halten es ihm in der oben beschriebenen Weise über die Nase. Zur Belohnung gibt es wieder Lob, sofortiges Hörzeichen „Lauf" und fröhliches Spiel.
Dies sollten Sie mehrere Male am Tag üben, zu Beginn jeweils in reizarmer Umgebung, sprich in der Wohnung oder im Garten, sofern der Hund hier nicht zu sehr abgelenkt ist. Zusätzlich sollten Sie vor jeder Fütterung dem Hund den Napf über den Kopf halten – sobald er sitzt, geben Sie Hör- und Sichtzeichen „Lauf" und stellen zur Belohnung seinen Napf nach unten.

Leckerchen mit gestrecktem Zeigefinger direkt über die Nase ziehen.

Später reicht auch schon ein Leckerchen in der einen …

„Sitz“ noch nicht verlangen, sondern hervorrufen! Ihr Hörzeichen „Sitz“ wird am Anfang der Erziehung keinesfalls gegeben, um zu erreichen, dass der Hund sich setzt, sondern wir arbeiten genau umgekehrt. Wir bemühen uns, durch die oben angegebenen Aktionen den Hund zum Sitzen zu verleiten, geben das Hörzeichen aber erst, wenn er auch tatsächlich sitzt. Der Vorteil dieser Methode ist zum einen, dass Druck vermieden wird, zum anderen, dass der Hund nicht die Ersterfahrung macht, Hörzeichen ignorieren zu können. Täuschen Sie sich nicht, der Hund lernt dies tatsächlich, wenn man es falsch anstellt.

Keine vergeblichen Hörzeichen geben! Bereits bei Welpenbesitzern kann man dieses Verhalten häufig beobachten. Der Welpe erhält das Hörzeichen „Sitz“ o. Ä. und reagiert nicht. Bei dem Versuch, den Hund nach unten zu drücken, gelingt es diesem womöglich noch, sich zu entziehen, indem er wegläuft. Die Konsequenzen sind wesentlich weitreichender als nur eine verpatzte Übung. Der Hund macht die Ersterfahrung, dass Hörzeichen ignoriert werden können, und wird unter Umständen später mit lebenslanger Leinenpflicht dafür „belohnt“.

SCHRITT 2: TÄGLICHE WIEDERHOLUNG

In der beschriebenen Weise sollte ein bis zwei Wochen lang geübt werden. Zehn- bis zwanzigmal, über den ganzen Tag verteilt, sollten Sie unbedingt mit Ihrem Hund trainieren.

SCHRITT 3: „SITZ“ VERLANGEN

Bei eifrigem Üben bemerken Sie nach einigen Tagen, dass sich Ihr Hund hinsetzt, sobald Sie ein Leckerchen in der einen und den erhobenen Zeigefinger der anderen Hand ins Spiel bringen. Dass dies in Situationen mit viel Ablenkung noch nicht der Fall ist, soll Sie nicht irritieren. Nun können Sie beginnen, mit dem Hund zielgerichtet „Sitz“ zu üben, das heißt: Sie können „Sitz“ verlangen!

ÜBUNGSAUFBAU AUF EINEN BLICK

— Leckerchen oder Spielzeug über Nase halten.
— Gleichzeitig Sichtzeichen.
— Wenn Hund sitzt, Hörzeichen „Siietz“ (NICHT vorher!).
— Sofort loben.
— Wenn Hund aufsteht, Hörzeichen „Lauf“.

... und der erhobene Zeigefinger der anderen Hand.

Nehmen Sie den Hund an die Leine, gehen Sie in den Garten oder üben in der Wohnung. Die Leine ist für die nächsten Wochen beim Üben immer anzulegen. Nur so können Sie definitiv vermeiden, dass der Hund sich Ihrem Einfluss entzieht. Haben Sie sich für die ersten zwei Wochen an die oben genannten Ratschläge gehalten, wird dies jedoch eine reine Vorsichtsmaßnahme sein. Der Hund wird kaum versuchen, sich zu entziehen, schließlich hat er bislang mit „Sitz" nur die angenehmsten Erfahrungen gemacht.
Nun beginnen Sie mit der Leine in der einen, dem Spielzeug und/oder Leckerchen in der anderen Hand kurze Übungseinheiten. Geben Sie das Hörzeichen „Sitz" zusätzlich mit dem dem Hund schon bekannten Sichtzeichen, wiederum Leckerchen über die Nase. Sitzt der Hund, folgen überschwängliches Lob, Hörzeichen „Lauf" und ein kurzes Belohnungsspiel. Diese Übung sollten Sie keinesfalls durchführen, wenn Ihr Hund müde ist, da er sich dann hinlegen wird. Diese Fehlerquelle kann so leicht vermieden werden.
Denken Sie daran zu markern (Clickern oder Markerwort siehe Seite 38 bis 42) und auch die „Schau"-Übung darf vor der Freigabe immer wieder verlangt werden (siehe Seite 91).

SCHRITT 4: „SITZ" IM ALLTAG ANWENDEN

Weiterhin üben Sie bei jeder Fütterung und bei jedem Anleinen. Sie werden merken, dass der Hund oft schon „sitzt", noch bevor Sie den Mund aufgemacht haben. Daran merken Sie, dass Sie fleißig genug waren. Geben Sie trotzdem jedes Mal noch Hör- und Sichtzeichen „Sitz" dazu, um die Verknüpfung, so gut es geht, abzusichern. Können Sie das „Sitz" problemlos in reizarmer oder reizgeringer Umgebung einfordern, können Sie es wagen, an Orten mit mehr Ablenkung zu üben, aber bitte keinesfalls vorher. Gehen Sie immer nach der Maxime vor, nichts zu fordern, was nicht zum gewünschten Ergebnis führt.
Das Hörzeichen „Lauf" sollte am Ende nicht vergessen werden.
Gerade Übungen wie „Sitz" und „Platz" sind eine Fleißarbeit, damit sie vom Hund gut generalisiert werden, d. h. in jeder Situation abrufbar sind.

Hier gibt es die Belohnung für eine Übungseinheit.

SCHRITT 5: „SITZ“ VERTIEFEN

Für diesen Übungsschritt am besten Clicker oder Markerwort verwenden! Um Ihrem Hund noch deutlicher zu machen, dass Sitzenbleiben das Thema ist, gibt es schnelle, praktischen Übungen, die einen ungeheuer großen Lernerfolg bringen:

Der Start für jede Übungsvariante ist gleich: Der Hund sitzt und hat bereits sein erstes Leckerchen fürs Hinsetzen bekommen.

Übungsvariante 1: Halten Sie ihm ein weiteres Leckerchen vor die Nase, ziehen Sie es ein paar Zentimeter weg (während der Hund noch sitzt, ertönt jetzt Ihr Click, schon kommt Ihre Hand zurück und der Hund bekommt (immer noch sitzend) das Leckerchen.
Variationen: Hand in andere Richtungen wegziehen, weiter wegziehen, kurz in Entfernung verharren.

Übungsvariante 2: Treten Sie einen kleinen Schritt seitwärts (Click), Schritt zurück und Leckerchen.
Variationen: Größeren Schritt, nach hinten, nach vorne, neben den Hund, beide Seiten, leicht wegdrehen dabei.

Übungsvariante 3: Zwei Schritte weg (Click), zurückkommen, Leckerchen
Variationen: Alle Richtungen, mehrere Schritte.

Übungsvariante 4: Sie lassen das Leckerchen in einem Schritt Entfernung fallen – evtl. nur aus 5 cm Höhe.
Variationen: Höhe ändern, am Hund vorbeiwerfen.

Weiteren Varianten sind fast keine Grenzen gesetzt, bedenken Sie nur, dass Sitzen für junge Hunde schnell anstrengend wird – einige Minuten Trainingseinheit reichen also völlig aus. Lieber mehrere kurze Einheiten über den Tag verteilen. Je jünger der Hund, desto kürzer sollten die Übungseinheiten sein.

Für alle Übungen gilt: Verlässt Ihr Hund die „Sitz“-Position, sagen Sie enttäuscht „Schade“, ziehen die Hand mit dem Leckerchen außer Reichweite und starten neu. Jede Übung und jede Variation sollte mindestens fünfmal hintereinander geklappt haben, bevor Sie den nächsten Schwierigkeitsgrad wählen. Ist eine Stufe zu schwer für Ihren Hund, üben Sie wieder ein wenig einfacher – das schadet niemandem!

Die Übung, um „Sitz“ zu festigen: Während der Hund schon sitzt …

… einen Schritt (seitlich) weggehen, danach sofort belohnen.

Einige Schwierigkeitsstufen höher: Sitzenbleiben unter starker Ablenkung (zur Sicherheit auf die Leine treten).

Beachten Sie, dass gerade Welpen schnell ermüden und noch nicht lange sitzen können. Ein „Sitz“ von wenigen Sekunden ist in den ersten Wochen völlig ausreichend. Auch für Hunde, die dem Welpenalter schon entwachsen sind, ist ein längeres Sitzen anstrengend. Mehr als einige Minuten sollten Sie auch vom erwachsenen Hund nicht verlangen.

SCHRITT 6: ABLENKUNG STEIGERN

Sind Sie in reizarmer Umgebung immer erfolgreich, beginnen Sie die Ablenkung beim Üben ganz allmählich zu steigern. Die Leckerchen der ersten Wochen werden nun abgebaut, jedoch nicht gänzlich gestrichen. Ab und zu, möglichst in für den Hund nicht vorhersehbaren Situationen, belohnen Sie ihn noch mit einem Leckerchen. Ihr freundliches Lob hingegen sollten Sie nie abstellen.

SCHRITT 7: SITZEN BLEIBEN

Nach vielen fleißigen Trainingseinheiten können Sie davon ausgehen, dass Ihr Hund verstanden hat, dass er bis zum Freigeben durch „Lauf“ sitzen bleiben soll. Voraussetzung: Vertiefungsvariationen wie oben beschrieben funktionieren gut in mittlerer und unterschiedlicher Ablenkungssituation.

Steht Ihr Hund ohne Erlaubnis wieder auf, sollten Sie jetzt auch kundtun, dass Sie damit nicht einverstanden sind. Ein tadelndes „Falsch“ (dies muss stimmlich der Sensibilität Ihres Hundes angepasst und als Tadel erkennbar sein), gefolgt von „Sitz“ und erneutem verbalem Lob fürs Hinsetzen. Bestehen Sie jetzt generell bei jeder „Sitz“-Übung auch darauf, dass der Hund vor der Freigabe erst noch ein „Schau“ befolgt. Die Belohnung ist dann das „Lauf“ – es ist kein weiteres Leckerchen nötig.

Die Übungen immer mit einem Erfolgserlebnis beenden

FEHLER VERMEIDEN

Die Übung korrekt aufheben Schon zu Beginn haben wir unserem „Sitz" sofort das Hörzeichen „Lauf" hinzugefügt. Auf dieses Hörzeichen greifen wir nun zurück, um dem Hund zu gestatten, sich aus dem „Sitz" zu erheben.
Das Sitzen muss in jedem Fall mit einem Hörzeichen aufgehoben werden, da der Hund sonst unnötig verwirrt wird. Unzuverlässiges Gehorchen des Hundes wird die logische Konsequenz sein.
Achten Sie nun immer konsequent darauf, dass Sie diese Übung beenden – am besten mit einem „Schau" – und nicht der Hund.

Oft kommt es vor, dass sich der Hund hinlegt, nachdem das Hörzeichen „Sitz" gegeben wurde. Ziehen Sie ihn in einem solchen Fall sanft an der Leine nach oben und geben Sie Ihrem Hörzeichen „Sitz" einen freundlichen Klang. Bei grober Zurechtweisung wird er erst recht nicht mehr aufstehen, da er Angst bekommt. Wenn Sie möchten, können Sie hier in den ersten Wochen unterstützend auch noch ein Leckerchen über die Nase des Hundes halten. Dann entlassen Sie ihn mit „Lauf".
Wichtig ist in jedem Fall, dass Sie und der Hund die Übungen mit einem Erfolgserlebnis beenden. Ein Belohnungsspiel im Anschluss an die Übung sollte selbstverständlich sein.

Variante: Sitzenbleiben trotz fliegendem Spielzeug

„SITZ" – ABSICHERUNG

- Hund ist im „Sitz". Voraussetzung: Variationen ausreichend geübt!
- Sobald der Hund ohne Erlaubnis aufsteht, strenges Hörzeichen „Nein".
- Hund wieder mit Hör- und Sichtzeichen in gleiche Position (an gleicher Stelle!) bringen
- Sobald Hund wieder sitzt, LOBEN!
- Nach einigen Sekunden ruhigen Sitzens darf der Hund mit „Lauf" wieder aufstehen.
- Langsames Entfernen einüben.
- Dauer, Entfernung und Ablenkung langsam steigern (bei Welpen nicht zu schnell vorgehen!).

TRAININGSPLAN „SITZ“

SCHRITTE	WIE WIRD'S GEMACHT?	WO UND WIE OFT?	HILFE, ES KLAPPT NICHT!	LERNZIEL
01	Hund an Leine! Leckerchen oder Spielzeug über Nase halten. Gleichzeitig Sichtzeichen (erhobener Zeigefinger). Wenn der Hund sitzt, loben und Leckerchen geben oder loben und Spielzeug werfen. Sobald der Hund aufsteht, „Lauf“ sagen, Belohnungsspiel.	Wohnung oder stille Wiese (Wiese nur, wenn Hund nicht abgelenkt ist – vorher schnüffeln und laufen lassen!). Täglich mindestens zehnmal.	Mögliche Problemquellen: Hund hat keinen Appetit: Fütterung kontrollieren! Hund ist zu sehr abgelenkt: Nur in Wohnung üben. Hund ist zu zappelig: Erst üben, wenn Hund sich ausgetobt hat. Hund legt sich hin: Evtl. ist er zu müde, kurz korrigieren, Übung dann mit „Lauf“ abbrechen.	Hund setzt sich auf Sicht- und/oder Hörzeichen sofort hin. Es ist praktisch, wenn der Hund von Anfang an „mehrsprachig“ erzogen wird, z. B. fürs Alter, wenn er schlechter sieht oder hört.
02	Wie bei Schritt 1., jedoch mit leichter Ablenkung.	Wohnung: Familienmitglieder gehen vorbei. Wiese: Personen in weiter Entfernung, Hunde nur in sehr weiter Entfernung. Täglich mindestens zehnmal.	Mögliche Problemquellen: Wie bei Schritt 1.	Hund setzt sich auf Hör- und/oder Sichtzeichen auch unter leichter bis mittlerer Ablenkung sofort hin.
03	Hund an Leine! Gleichzeitig Sicht- und Hörzeichen „Sitz“ geben. Hund sitzt: Loben und Leckerchen geben. „Lauf“ sagen und Hund ermuntern aufzustehen. Belohnungsspiel.	Zu Beginn wieder ohne Ablenkung, dann Ablenkung steigern. Täglich mindestens zehnmal.	Hund setzt sich nicht hin: Jetzt können Sie es verlangen, indem Sie ihn hinten sanft hinunterdrücken – loben!	Hund setzt sich auf Hör- und Sichtzeichen sofort hin.
04	Hund an Leine nehmen. „Sitz“ verlangen, loben. Mit Leine in der Hand kleinen Schritt nach hinten oder zur Seite treten, Moment abwarten, zum Hund zurückgehen und loben! „Lauf“ und Belohnungsspiel.	Zu Beginn wieder ohne Ablenkung, dann Ablenkung steigern. Täglich mindestens zehnmal.	Hund bleibt nicht sitzen: Korrekturwort „Nein“ oder „Falsch“ (streng!), Hund an gleiche Stelle zurückbringen, „Sitz“ verlangen und loben! Es kann durchaus vorkommen, dass Ihr Hund dies häufig austestet. Konsequent bleiben!	Hund bleibt für einige Sekunden sitzen.
05	Hund an Leine nehmen. „Sitz“ wie bei Schritt 4, aber einige Schritte entfernen. Später auch Kreise um Hund laufen, immer mit Leine in der Hand! Leckerchen zur Belohnung jetzt weglassen! „Lauf“ und Belohnungsspiel. Vertiefungsvariationen von Seite 124 einbauen.	Auch in mittlerer Ablenkung üben! Täglich mindestens fünfmal.	Steht Ihr Hund immer noch häufig auf, dann sind Sie zu schnell vorgegangen oder korrigieren nicht energisch genug.	Hund bleibt etwas länger sitzen, auch unter größerer Ablenkung.
06	Hund an lange Leine nehmen, Schritt 5 in allen möglichen Situationen wiederholen!	Starke Ablenkung (andere Hunde unmittelbar daneben). Futter von Fremden vor Nase halten lassen. Täglich.	Sie üben nicht oft genug.	Hund bleibt auch unter stärkster Ablenkung sitzen. Haben Sie dies erreicht, können Sie auch ohne Leine üben.

„PLATZ"

LERNZIEL

Der Hund soll sich auf ein einmaliges Sicht- und/oder Hörzeichen hin sofort hinlegen und so lange, auch unter Ablenkung, liegen bleiben, bis ihm erlaubt wird, aufzustehen.

HÖR- UND SICHTZEICHEN

Als Sichtzeichen verwenden wir die flache Hand, die vor dem Hund zu Boden geführt wird. Das Hörzeichen „Platz" unterscheidet sich im Ton vom Hörzeichen „Sitz".

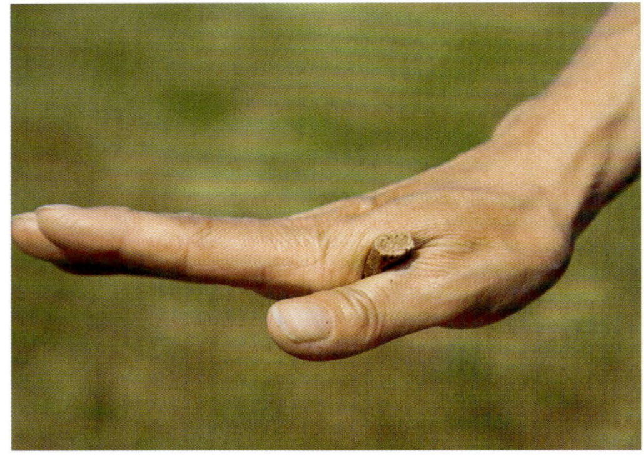

Halten Sie das Leckerchen mit dem Daumen.

TRAININGSSCHRITTE

Nun soll der Hund lernen, was das Hörzeichen „Platz" bedeutet. Er soll lernen, es auf Ihren Wunsch hin zu befolgen, und er soll lernen, dass die Übung nicht von ihm aufgehoben werden darf. Hierbei gehen wir schrittweise vor.

SCHRITT 1: WIE FANGE ICH ES AN?

Der Hund muss zunächst einmal verstehen, welche Körperhaltung wir von ihm erwarten. Hierzu gibt es mehrere Möglichkeiten.

Halten Sie die Hand nicht zu hoch, sondern …

Variante 1: Der „Tunnel" Üben Sie zunächst in ablenkungsfreier Umgebung. Der Hund muss hungrig sein. Die letzte Mahlzeit sollte also mehrere Stunden zurückliegen.

Knien Sie sich erst hin, dann stellen Sie ein Bein aufrecht, sodass eine Art Tunnel entsteht. Machen Sie Ihren Hund nun mit freudigen Lauten darauf aufmerksam, dass sich in Ihrer Hand ein Leckerchen befindet, doch geben Sie es ihm zunächst nicht. Sobald er auf das Leckerchen aufmerksam geworden ist und Interesse daran zeigt, locken Sie ihn damit und mit aufmunternder Stimme unter Ihr angewinkeltes Bein. Im Idealfall befindet er sich nun genau unter Ihnen. Sie haben Ihre Position bislang nicht geändert.

… ziehen Sie sie auf dem Boden vor der Hundenase entlang.

Wenn der Hund liegt, kommt das Hörsignal „Platz" und der Hund erhält seine Bestätigung aus der Leckerchenhand.

Jetzt kommt das Sichtzeichen für „Platz" zum Einsatz, auf ein Hörzeichen verzichtet man zunächst.

Die Hand mit dem Leckerchen legen Sie flach auf den Boden vor den Hund. Das Leckerchen haben Sie dabei unter der flachen Hand mit dem Daumen versteckt (siehe Foto links oben).

Je nach Größe des Hundes verkleinern Sie den „Tunnel" nun derart, dass der Hund sich legen muss, um an Ihre flache Hand mit dem Leckerchen zu kommen. Verkleinern Sie jedoch erst, wenn der Hund sich unter Ihnen befindet, sonst könnte er von vornherein zögern, unter Ihrem Bein durchzukriechen. Bei sehr kleinen Hunden setzen Sie sich einfach auf den Boden und winkeln beide Beine vor sich an.

Sobald Ihr Hund liegt, sagen Sie „Platz" und öffnen die flache Hand, sodass er das Leckerchen nehmen kann. Gleichzeitig loben Sie überschwänglich mit der Stimme. Geben Sie das Hörzeichen „Lauf", stehen Sie auf und versuchen Sie es erneut.

Ist diese Übung körperlich zu anstrengend für Sie, können Sie den Hund beispielsweise auch unter einen Stuhl oder Tisch locken oder gleich nur mit Variante 2 und 3 beginnen.

Variante 2: Leckerchen zwischen den Vorderbeinen Es gibt auch Hunde, bei denen es ausreicht, ein Leckerchen unter der flachen Hand direkt zwischen den Vorderbeinen des Hundes zu Boden zu führen. Zuvor müssen Sie den Hund natürlich darauf aufmerksam gemacht haben, dass sich in Ihrer Hand etwas Gutes befindet.

Variante 3: Verhalten einfangen Jedesmal, wenn sich Ihr Hund von sich aus hinlegt, markern Sie dieses Verhalten. Dies nennt man „Verhalten einfangen“. Nach einiger Zeit wird der Hund das Verhalten immer öfter anbieten, sodass Sie es dann mit einem Hörzeichen verknüpfen können.

SCHRITT 2: HÖRZEICHEN „PLATZ“ VORANSTELLEN

Ihr Hund hat nun begriffen, sich hinzulegen, sobald die flache Hand vor ihm – immer noch in reizarmer Umgebung – zu Boden geführt wird. Davon können Sie ausgehen, wenn Sie den Hund ca. eine Woche lang täglich durch häufige Wiederholung zum Hinlegen gebracht und anschließend das Hörzeichen „Platz“ gegeben haben.
Der nächste Schritt ist, das Hörzeichen „Platz“ einzufordern. Mit der Leine in der einen und dem Leckerchen in der anderen Hand geben Sie ein deutliches Hör- und Sichtzeichen „Platz“.

„PLATZ“ – ABSICHERUNG

- Hund ist im „Platz“. Sobald er ohne Erlaubnis aufsteht, strenges Hörzeichen „Nein“.
- Hund wieder mit Hör- und Sichtzeichen in gleiche Position (an gleicher Stelle!) bringen.
- Sobald Hund wieder liegt, loben!
- Nach einigen Sekunden ruhigen Verweilens im „Platz“ Hund mit freundlichem „Siietz“ in „Sitz“-Position bringen (mit Leckerchen locken oder sanft nach oben ziehen), dann mit „Lauf“ aufstehen lassen.
- Langsames Entfernen einüben. Dauer, Entfernung und Ablenkung langsam steigern (bei Welpen nicht zu schnell vorgehen!).

Die Deutlichkeit des Sichtzeichens ist dabei sehr wichtig. Hunde orientieren sich stark an nonverbalen Zeichen. Reagiert der Hund, bekommt er sein Leckerchen, wird ausführlich gelobt und erhält das Hörzeichen „Lauf“.
Auch beim „Platz“ kann es bei aller Sorgfalt und Geduld Situationen geben, in denen der Hund versucht, Ihr Hörzeichen zu ignorieren und damit zu testen, wie wichtig Ihnen die Ausführung tatsächlich ist. Haben Sie dem Hund zu Beginn genügend Zeit zur Verknüpfung gegeben und haben Sie die Ablenkung, mit der Sie üben, nicht zu schnell gesteigert, wird der Druck, den Sie anwenden müssen, um sich durchzusetzen, gering sein. Doch gestatten Sie Ihrem Hund keinesfalls, Sie zu ignorieren.

SCHRITT 3: VARIATIONEN EINFÜHREN

Nun führen Sie alle Variationen, wie Sie fürs „Sitz“ ab Seite 124 beschrieben sind, ein.

SCHRITT 4: „PLATZ“ UND LIEGENBLEIBEN

Mit der Absicherung des Liegenbleibens beginnen Sie, sobald der Hund bei mittlerer Ablenkung zuverlässig und schnell auf das erste Hörzeichen „Platz“ reagiert. Wenn er liegt, wird er selbstverständlich gelobt.
Geben Sie dem Hörzeichen stimmlich einen verbindlichen Charakter, das erleichtert das Verständnis für den Hund. Transportieren Sie durch Ihren Tonfall an dieser Stelle ein zu freundliches „Würdest du bitte freundlicherweise an dieser Stelle liegen bleiben?“, müssen Sie auch akzeptieren, dass der Hund Ihnen antwortet: „Nein, würde ich nicht!“ Zuverlässiges „Platz“ und Liegenbleiben ist eine Übung, die Fleiß und Autorität voraussetzt. Schreien sollen Sie selbstverständlich nicht, doch geben Sie Ihrer Stimme einen energischen, selbstbewussten Klang.

SCHRITT 5: ABLENKUNG STEIGERN

Schrittweise beginnen Sie nun, die Ablenkung zu erhöhen. Suchen Sie wechselnde Orte zum Üben auf. Während Sie zu Beginn nur zwei bis drei Schritte vom Hund wegtreten, sollten Sie nach einiger Zeit schon mehrere Meter weggehen können. Bleiben Sie jedoch immer in Sichtweite,

01

02

03

anders können Sie Ihren Hund nicht schnell genug korrigieren. Außerdem ist es für den Alltag völlig überflüssig, dass der Hund im „Platz" bleibt, sobald er Sie nicht mehr sieht. Üben Sie nicht ohne Leine, damit der Hund leicht korrigierbar bleibt, und zwar so lange, bis Sie sich wirklich sicher sind, dass er sich nicht mehr durch Weglaufen entzieht.
In den ersten Wochen sollten Sie „Platz" nicht über „Lauf" aufheben. Es ist besser, den Hund zunächst ins „Sitz" zu holen und dann mit „Lauf" zu entlassen. Bei vielen Hunden steigt so die Hemmschwelle, aus dem „Platz" aufzuspringen und davonzurennen. Hierbei muss Folgendes beachtet werden: Lassen Sie sich immer Zeit beim Aufheben der „Platz"-Übung. Nähern Sie sich langsam und gelassen der Leine, schleichen Sie sich nicht an den liegenden Hund heran! Greifen Sie die Leine und warten Sie noch einige Sekunden. Verhält sich der Hund ruhig, loben Sie ihn tüchtig, geben ein freundliches Hörzeichen „Siietz", helfen ihm mit der Leine und/oder Leckerchen nach oben und loben erneut. Danach freundliches „Lauf" und Belohnungsspiel.
Durch dieses Prozedere wird vom Hund eine Menge Geduld verlangt, denn er möchte eigentlich gern aufstehen und sich mit interessanteren Dingen beschäftigen. Holen Sie Ihren Hund jedoch nur ab, wenn er tatsächlich ruhig und gelassen bleibt. Achten Sie darauf, den Hund nie aus dem „Platz" zu holen, wenn er gerade unruhig ist, jammert, winselt oder bellt. Zeigt er diese Verhaltensweisen, so achten Sie lediglich darauf, dass er das „Platz" nicht selbstständig aufhebt. Korrigieren Sie, wenn es sein muss. Alles andere ignorieren Sie hartnäckig. Verhält sich der Hund ruhig, so entlassen Sie ihn aus der Übung. Machen Sie sich klar, dass Sie Ungeduld, Gewinsel o. Ä. beim Hund belohnen, wenn Sie ihn im falschen Moment abholen.

01 In der nächsten Stufe ist bereits klar, dass die flache Hand „Platz" bedeutet.

02 Auch in Kombination mit dem Hörzeichen „Platz" ist ein deutliches Sichtzeichen noch wichtig.

03 Nach der Belohnung verlangen Sie noch etwas Geduld von Ihrem Hund, bevor Sie das „Platz" durch „Sitz" oder „Lauf" auflösen.

Sobald der Hund das „Platz“ auf Sichtzeichen hin beherrscht, …

… können Sie kurz vorher den gewählten Pfiff dazu setzen …

… Belohnen und Aufheben wie immer.

KEINE ANGST VOR FEHLERN DES HUNDES

Es gibt immer wieder Schüler und Schülerinnen in unserer Hundeschule, die beim „Platz“ unsicher und in geduckter Haltung um den Hund herumschleichen und vor lauter Angst, dieser könne aufstehen, ständig das Hörzeichen „Platz“ geben, obwohl der Hund noch keine Anstalten macht aufzustehen. Haben Sie keine Angst vor Fehlern des Hundes. Steht er auf, wird er eben korrigiert. Daran ist nichts Schlimmes und es gibt keinen Grund, unsicher zu sein. Geben Sie Ihrem Hund nicht das Gefühl, die Situation nicht unter Kontrolle zu haben. Hunde nutzen Unsicherheit und Angst ihrer Menschen oft schamlos aus, und sie wären dumm, wenn sie es nicht täten. Eine erfolgreiche Korrektur ist immer besser als eine „hingepfuschte“ Übung!

„PLATZ“ MIT HUNDEPFEIFE

Wenn der Hund sich ohne oder bei mittlerer Ablenkung zuverlässig hinlegt, können Sie zusätzlich ein Pfeifensignal einführen (z. B. Triller). Pfeifen Sie den Triller, gleichzeitig geben Sie das Sichtzeichen „Platz“.
Wenn das nicht ausreicht, korrigieren Sie den Hund mit Hörzeichen wie oben beschrieben.
Im Allgemeinen verknüpft der Hund nach einigen Wiederholungen wie gewünscht. Für ein zuverlässiges Befolgen des Pfiffes ist ebenfalls eine konsequente Absicherung wie beschrieben notwendig.

DAS RICHTIGE LERNTEMPO

Gehen Sie mit dem Welpen nicht zu schnell vor. Es ist völlig ausreichend, wenn Sie bei Schritt 4 ankommen, wenn der Hund ca. fünf bis sechs Monate alt ist.
Je älter Ihr Hund ist, umso schneller können Sie vom Hund mehr verlangen, vorausgesetzt, Sie üben wirklich mehrmals täglich!
Zwischendurch immer wieder Belohnungsspiel einbauen!

TRAININGSPLAN „PLATZ"

SCHRITTE	WIE WIRD'S GEMACHT?	WO UND WIE OFT?	HILFE, ES KLAPPT NICHT!	LERNZIEL
01	Sichtzeichen: Flache Hand zu Boden führen, noch kein Hörzeichen verwenden! Wenn Hund liegt, loben und Leckerchen geben oder loben und Spielzeug werfen. Sobald Hund aufsteht, „Lauf" sagen. Belohnungsspiel.	Wiese (Wiese nur, wenn Hund nicht abgelenkt ist, vorher schnüffeln lassen und mit „Lauf"entlassen!). Täglich mindestens zehnmal.	Mögliche Problemquellen: Hund hat keinen Appetit: Fütterung kontrollieren. Hund ist zu sehr abgelenkt: Nur in Wohnung üben. Hund ist zu zappelig: Erst üben, wenn Hund sich ausgetobt hat.	Hund legt sich auf Sichtzeichen sofort hin.
02	Hund an Leine! Sobald sich Ihr Hund auf das Sichtzeichen hin hinlegt, können Sie vorher auch das Hörzeichen „Platz" geben.	Wohnung: Leichte Ablenkung einbauen: Familienmitglieder gehen vorbei. Wiese: Personen in weiter Entfernung, Hunde nur in sehr weiter Entfernung. Täglich mindestens zehnmal.	Mögliche Problemquellen: Wie bei Schritt 1. Üben Sie häufiger.	Hund legt sich auf Sichtzeichen auch unter leichter Ablenkung sofort hin.
03	Hund an Leine nehmen, „Platz" verlangen, loben. Mit Leine in der Hand kleinen Schritt nach hinten oder zur Seite treten, einen Moment abwarten, zum Hund zurückgehen und loben! „Lauf" und Belohnungsspiel.	Vertiefungsvariationen einbauen. Zu Beginn wieder ohne Ablenkung, dann Ablenkung steigern. Täglich mindestens zehnmal.	Hund bleibt nicht liegen: Korrekturwort „Nein" oder „Falsch" (streng!), Hund an gleiche Stelle zurückbringen, „Platz" verlangen und loben! Es kann durchaus vorkommen, dass Ihr Hund dies häufig austestet, konsequent bleiben!	Hund bleibt für einige Sekunden liegen.
04	Hund an Leine nehmen, „Platz" wie bei Schritt 3, aber einige Schritte entfernen. Später auch Kreise um Hund laufen, immer mit Leine in der Hand. Leckerchen zur Belohnung jetzt weglassen! Aufheben ab sofort über „Sitz", „Lauf" und Belohnungsspiel.	Auch in mittlerer Ablenkung üben. Täglich mindestens fünfmal.	Steht Ihr Hund immer noch häufig auf, dann sind Sie zu schnell vorgegangen oder korrigieren nicht energisch genug.	Hund bleibt etwas länger liegen (bis zwei Minuten), auch unter größerer Ablenkung.
05	Hund an lange Leine nehmen, Schritt 4 in allen möglichen Situationen wiederholen!	Starke Ablenkung (andere Hunde unmittelbar daneben!), Futter von Fremden vor Nase halten lassen. Spielzeug vorbeirollen. Täglich.	Sie üben nicht oft genug.	Hund bleibt auch unter stärkster Ablenkung liegen. Zeitdauer steigern (bis fünf Minuten!). Haben Sie dies erreicht, können Sie auch ohne Leine üben.

FÜR FORTGESCHRITTENE – VARIATIONEN DER PLATZ-ÜBUNG

Um sich selbst und Ihren Hund nicht zu langweilen, sollten Sie verschiedene Varianten der „Platz"-Übung in Ihr Trainingsprogramm einbauen. Darüber hinaus ist Abwechslung beim Lernen von großer Bedeutung für die Erfolgssteigerung. Abwechslung beim Lernen kann jedoch auch problematisch werden, wenn man zu schnell vorgeht und die Dinge durcheinanderwirft. Gehen Sie schrittweise vor. Überfordern Sie weder den Hund noch sich selbst. In den ersten Tagen üben Sie bitte lediglich die bislang erklärte Variante. Haben Sie erreicht, dass Ihr Hund sich relativ schnell auf Ihr erstes Hörzeichen hin hinlegt und schon kurze Zeit (ca. zwei bis drei Minuten bei geringer/mittlerer Ablenkung) liegen bleibt, ohne dass eine Korrektur nötig ist, beginnen Sie zu variieren. Unterschätzen Sie nicht den Zeitaufwand für ein zuverlässiges „Sitz"/„Platz" und geben Sie Ihrem Hund genügend Übungsmöglichkeiten.

VARIANTE 1: „PLATZ" AUS DER BEWEGUNG

Diese Übung sollten Sie einführen, sobald Ihr Hund sich prinzipiell bei der „Platz"-Übung schnell hinlegt und und auch unter Ablenkung ein wenig liegen bleiben kann.
Lassen Sie Ihren Hund mit dem Hörzeichen „Lauf" an das Ende der Leine und bewegen Sie sich mit ihm im Spaziergehtempo in die von Ihnen gewünschte Richtung. Geben Sie dem Hund keine Hörzeichen, beachten Sie ihn nicht (scheinbar!) und korrigieren Sie lediglich sein Ziehen an der Leine, wie im Kapitel „Leinenführigkeit" (Seite 138) beschrieben.
Beobachten Sie Ihren Hund genau. Haben Sie das Gefühl, er ist gerade etwas abgelenkt und achtet nicht auf Sie, geben Sie das Hörzeichen „Platz" und machen einen Ausfallschritt in seine Richtung, in Verbindung mit dem Sichtzeichen.

„Platz" aus der Bewegung und Ablenkung heraus.

Hör- und Sichtzeichen mit einem Ausfallschritt in Richtung des Hundes.

Eine deutliche Körpersprache erleichtert dem Hund das Lernen.

„Platz" auf Distanz: eine Übung für Fortgeschrittene, die erst geübt werden sollte, wenn das „Platz" schon richtig gut sitzt.

Reagiert der Hund sofort, wird er gelobt. Reagiert er nicht auf das erste Hörzeichen, so verbleiben Sie wortlos in gebückter Körperhaltung, bis der Hund liegt (Click). Danach loben Sie ihn. Achten Sie darauf, dass Ihr Hund sich genau an der Stelle legt, an der er sich befindet, wenn Ihr Hörzeichen erfolgt. Andernfalls korrigieren Sie ihn, indem Sie ihn möglichst schnell an diese Stelle führen und dort ablegen. Lassen Sie ihn einen Moment liegen und heben Sie dann das Hörzeichen auf: langsames Aufnehmen der Leine, freundliches aufmunterndes „Sitz". Sie können durchaus an dieser Stelle ein längeres Ablegen von mehreren Minuten üben. Lassen Sie sich Zeit beim Aufbau, wiederholen Sie nicht öfter als fünf- bis sechsmal hintereinander.

Klappt die Übung gut bis sehr gut an der normalen Führleine, können Sie den Schwierigkeitsgrad erhöhen, indem Sie dem Hund eine längere Leine anlegen.

VARIANTE 2: „PLATZ" AUF ENTFERNUNG

Mit dieser Übung können Sie optimale Aufbauarbeit für das „Platz" auf Entfernung leisten. „Platz" auf Entfernung bedeutet, dass der Hund sich auch auf eine Distanz von ca. 10 bis 20 Metern zuverlässig auf das erste Hörzeichen hin ins „Platz" begibt. Zunächst wird, um dieses Ziel zu erreichen, ausschließlich wie eben beschrieben an der kurzen Führleine trainiert. Diese sollte höchstens ein bis zwei Meter lang sein. Erst wenn der Hund sich in allen Situationen an dieser Leine sofort bereitwillig hinlegt, kann man zu einer längeren Leine übergehen. Die 5-Meter-Leine ist hier gut geeignet. Zunächst sollte man aber keinesfalls die vollen fünf Meter ausnutzen, sondern die Leine so fassen, dass nun lediglich mit einer Distanz von ca. einem Meter mehr geübt wird. Reagiert der Hund bei dieser Entfernungsvergrößerung nicht mehr auf das erste Hörzeichen, so muss so lange wieder fleißig an der kurzen Leine geübt werden, bis der Hund an der längeren Leine die gewünschte prompte Reaktion zeigt.

ABLENKUNGSREIZE STEIGERN

Legen Sie beim Üben von „Platz" auf Entfernung zunächst mehr Wert darauf, die Ablenkung zu steigern. Die Distanz kommt dann von allein. Vorsicht Falle: Bauen Sie das Hörzeichen keinesfalls wie folgt auf: „Benniiiii?... (Pause)... Platz?" Der Hund wird ihre „Frage" im Hörzeichen hören und evtl. mit einem „Gerade keine Zeit" antworten. Oder Ihr Hund läuft nach Nennung seines Namens auf Sie zu, weil er sich gerufen glaubt.

Bei „Platz" aus dem Spiel achten Sie darauf, …

… dass der Hund das Spielzeug zu Beginn nicht fassen kann.

Sind Sie bei einer schnellen Reaktion des Hundes etwa bei einer Distanz von drei Metern angelangt, können Sie die Entfernung um einen weiteren halben oder ganzen Meter vergrößern. Kann hier von einer zuverlässigen Ablage des Hundes gesprochen werden, darf die Entfernung ein weiteres Mal um 50 Zentimeter bis einen Meter erhöht werden, bis Sie die 5-Meter-Leine schließlich ganz am Ende halten und der Hund sich innerhalb dieses Radius sofort hinlegt, sobald das Hörzeichen „Platz" erfolgt.
Wenn Sie genügend Geduld und Ausdauer mitbringen, können Sie nun an der 10-Meter-Leine weiter in der bereits eingeführten Weise üben, die Distanz noch weiter zu erhöhen, bis Sie auch dort am Ende angekommen sind.
Oberste Prämisse beim Aufbau dieser Übung ist es, ganz langsam, wenn es sein muss buchstäblich zentimeterweise, vorzugehen. Die schrittweise Erhöhung der Distanz darf erst dann erfolgen, wenn das „Platz" auf Entfernung in der gerade aktuell trainierten Entfernung sofort vom Hund ausgeführt wird. Es kann während der einzelnen Phasen durchaus nötig sein, die Distanz kurzzeitig wieder zu verringern, weil der Hund sich möglicherweise ignorant verhält. Außerdem muss in jeder „Entfernungsphase" – auch wenn die tatsächliche Distanz zwischen Mensch und Hund zunächst nur einen Meter beträgt – die Ablenkung, in der geübt wird, behutsam gesteigert werden. Natürlich können Sie das Training bis auf mehrere Meter Distanz auch in kompletter Abgeschiedenheit trainieren, müssen dann aber in leicht gesteigerter Ablenkung wieder mit einer Minidistanz anfangen und in dieser Umgebung alle weiteren Entfernungen einüben. Nach diesem Muster können Sie weiter verfahren, bis Sie auf einem hohen Ablenkungslevel angelangt sind, auf dem Sie natürlich zunächst auch wieder mit einer ganz geringen Distanz beginnen müssen, die behutsam gesteigert werden sollte.

VARIANTE 3: „PLATZ" AUS DEM SPIEL HERAUS ODER AN DER REIZANGEL

Bevor Sie mit dieser Übung beginnen, müssen alle anderen Varianten gut klappen. Der Hund soll sich schon zuverlässig mehrere Minuten ohne Korrektur ablegen lassen. Außerdem sollten Sie das Prinzip des Spiels mit dem Hund verinnerlicht haben, wie im entsprechenden Kapitel beschrieben (siehe Seite 192).
Nehmen Sie die Leine des Hundes in die eine, das Spielzeug in die andere Hand. Leiten Sie das Spiel mit dem Hund in der beschriebenen Weise ein, spielen Sie mehrere Sekunden mit vollem Einsatz, achten Sie darauf, dass Sie das Spiel zu diesem Zeitpunkt so gestalten, dass der Hund das Spielzeug nicht fassen kann. Wenn der Hund möglichst erregt ist, geben Sie das Hörzeichen „Platz" sowie mit der freien Hand das entsprechende Sichtzeichen dazu. Achten Sie darauf, dass Sie zu Beginn wirklich nur wenige Sekunden, dafür jedoch mit vollem Einsatz spielen, bevor Sie das Hörzeichen geben. Der Hund sollte auf dem Höhepunkt der Begeisterung sein. Anfangs ist es nicht leicht, dieses Verhalten in die Länge zu

Dann geben Sie das Sicht- und das Hörzeichen.

ziehen. Zählen Sie, sobald der Hund liegt, in Gedanken bis drei (nicht zu schnell), geben Sie Hörzeichen „Lauf" und leiten Sie eine zweite Spielrunde ein. Diesmal lassen Sie den Hund das Spielzeug fassen. Haben Sie einige Tage in dieser Form trainiert und bemerken eine steigende Begeisterung und Freude beim Hund, können Sie die Anzahl der kurzen Spielrunden, in denen der Hund das Spielzeug nicht fassen soll, Sie jedoch „Platz" verlangen, auf drei bis vier Runden erhöhen. Machen Sie dies bitte nicht zu früh. Hält sich die Begeisterung und die Konzentration des Hundes noch in Grenzen, lassen Sie den Hund noch in jeder zweiten Runde das Spielobjekt fassen.

Alternativ können Sie auch eine Reizangel verwenden. Achten Sie dabei unbedingt auf kurzes und nicht zu häufiges Arbeiten, da die kurzen Wendungen und Stopps besonders beim jungen Hund schnell belastend für die Gelenke werden.

Gehorchen macht Spaß! Innerhalb dieser Variante erfolgt nach dem Hörzeichen kein längeres Abliegen. Abgebrochen wird diese Übung immer damit, dass Sie das Spiel beenden und das Spielzeug wegstecken. Beenden Sie also hier nie mit „Platz", sondern lediglich mit Spielabbruch. Das „Platz" soll hier immer durch Spielaktivität belohnt werden. Übrigens: Sofern Sie „richtig" spielen, beginnt das Spiel für den Hund nicht erst, wenn er sein Spielzeug im Maul hält.
Das praktische Ziel dieser Übung ist, ein schnelles, freudiges Abliegen des Hundes zu erreichen. Das ideelle Ziel ist, dem Hund zu vermitteln, dass es lustvoll ist, unsere Hörzeichen zu befolgen. Deshalb ist es unabdingbar, dass der Hund in einer der Spielrunden (in jedem Fall in der letzten) das Spielobjekt erhält.
Variieren Sie die beschriebenen Übungsvarianten, vernachlässigen Sie jedoch keinesfalls das lange Abliegen. Steht eine der anderen zuvor beschriebenen „Platz"-Varianten am Ende Ihrer täglichen Übungseinheit, lassen Sie als Belohnung zum Schluss selbstverständlich ebenfalls ein ausgelassenes Spiel folgen.

Der Hund sollte einige Sekunden liegen bleiben, dann gibt es ein Belohnungsspiel oder eine weitere Übungsrunde.

LEINENFÜHRIGKEIT

ZIEHEN IST SELBSTBELOHNEND

Ein ordentliches An-der-Leine-Gehen ohne Ziehen und Zerren zu erreichen ist eines der schwierigeren Ziele in der Hundeerziehung. Unser normales Gehtempo entspricht fast nie dem natürlichen Tempo eines Hundes, sodass der Hund gezwungen ist, für seine Begriffe sehr langsam zu laufen. Dies fällt jungen und temperamentvollen Hunden verständlicherweise sehr schwer!
Außerdem ist Ziehen selbstbelohnend: Der Hund zieht, weil er vorwärts möchte. Mit jedem Schritt, den Sie an gespannter Leine tun und den der Hund vorwärtskommt, verstärken Sie das Ziehen. Erlauben Sie Ihrem Hund auch nicht, an der kurzen Leine mit anderen Hunden zu spielen, denn auch hier wird Ziehen an der Leine belohnt.

Ziehen an der Leine ist ein selbstbelohnendes Verhalten, denn der Hund kommt dadurch vorwärts.

Beim ersten Anspannen der Leine …

… in die entgegengesetzte Richtung gehen.

Ist die Leine (noch) locker, sofort loben!

WEGE ZUM LEINENFÜHRIGEN HUND

Um eine gute Leinenführigkeit zu erreichen, ist auch hier Konsequenz und sehr sorgfältiges Vorgehen gefragt. Es gibt verschiedene Methoden, um dem Hund klarzumachen, dass er nicht an der Leine ziehen soll. Sie können sogar gemischt werden, dürfen aber nicht nachlässig oder gar nur manchmal angewandt werden.
Allen Methoden gemein ist, dass bei jedem (!) Ziehen an der Leine sofort reagiert werden muss. Sofort reagieren heißt, dass Sie innerhalb von zwei bis drei Sekunden nach Anspannen der Leine eine der drei beschriebenen Methoden anwenden müssen. Gehen Sie erst einmal einige Schritte oder gar Meter mit angespannter Leine, dann können Sie von Ihrem Hund nicht erwarten, dass er versteht, dass Sie damit nicht einverstanden sind.

VARIANTE 1: STEHENBLEIBEN

Bereits ein leichtes Anspannen der Leine muss Sie zur sofortigen Reaktion veranlassen. Sie bleiben abrupt stehen. Solange Ihr Hund weiter an der Leine zieht, reagieren Sie gar nicht. Wendet er sich zu Ihnen um und lockert dabei die Leine (Click), gehen Sie mit einem freundlichen Lob weiter.
Vielleicht kommen Sie nun nur zwei Schritte voran, und schon zieht er wieder, also: stehen bleiben! Prinzip ist hier: Zieht der Hund, erreicht er sein Ziel – vorwärtszukommen – nicht!
Diese Methode ist absolut gewaltfrei und (theoretisch) leicht durchzuführen. Doch Sie brauchen sehr viel Geduld! Sehr schwierig wird es, wenn Sie dringend irgendwohin müssen und Ihr Hund zieht und zieht. Gehen Sie nun weiter, belohnen Sie das Ziehen. Sie haben in solchen Fällen nur die Möglichkeit, Ihren Hund erst gar nicht mitzunehmen oder ihn zu tragen (falls noch möglich).

VARIANTE 2: RICHTUNGSWECHSEL

Haben Sie das Gefühl, Ihren Hund interessiert Ihr Stehenbleiben überhaupt nicht und er lockert auch von sich aus nicht die Leine, sobald Sie stehen bleiben, dann drehen Sie auf dem Absatz um und gehen in die andere Richtung. Sobald der Hund an lockerer Leine läuft (aufpassen, damit er nicht wieder vorausläuft!), (Click) loben Sie ihn sofort, kehren um und gehen wieder in die geplante Richtung.
Diese Methode ist ebenfalls gewaltfrei, aber schon einen Tick energischer als die erste Variante. Falls Sie lieber agieren, statt stehend abzuwarten, liegt Ihnen diese Methode vielleicht mehr und ist daher für Sie leichter umzusetzen.

In Momenten, in denen Ihr Hund an lockerer Leine ...

... neben Ihnen läuft, wird er mit einem Click/Markerwort belohnt ...

VARIANTE 3: MARKER/CLICKER-TRAINING

Jedes Mal, wenn Ihr Hund an lockerer Leine neben Ihnen läuft, quittieren Sie dies mit einem Click und natürlich einem Leckerchen. Dies kann durchaus bedeuten, dass der Hund alle paar Schritte einen Keks erhält. Zieht er zwischendurch, kommt Variante 1 oder 2 zum Einsatz.
Und wann kommt das Hörzeichen dazu? Ein Hörzeichen fürs Leinelaufen brauchen Sie die ersten Wochen eigentlich gar nicht. Wenden Sie es keinesfalls wie folgt an: Hund zieht, sie sagen streng „Fuß“, ziehen den Hund an Ihre Seite zurück und gehen weiter. Bei dieser „Methode“ lernt der Hund, dass „Fuß“ bedeutet, dass er ziehen soll oder dass es für ihn unangenehm wird.
Der richtige Zeitpunkt, um ein Hörzeichen einzuführen ist dann, wenn der Hund gerade sehr schön an lockerer Leine neben Ihnen läuft, also eine Sekunde bevor Ihr Click kommt. Wählen Sie für die normale Alltagsleinenführigkeit besser nicht das Hörzeichen „Fuß“, da Sie dieses evtl. für eine Sportkarriere benötigen. Wir wählen oft „Zusammen“ oder „Bei mir“.
Bei sehr temperamentvollen Hunden kann das Leckerchen nach dem Click auch hinter den Hund geworfen werden.
Vorsicht: Nicht zu weit werfen, damit sich die Leine nicht wieder spannt!
Das Werfen bringt Bewegung und Frustabbau für den Hund – sobald er wieder zu Ihnen aufschließt, kann schon das nächste Click folgen.

... und bekommt das dazugehörige Leckerchen.

Das ist auch der richtige Moment, um ein Hörzeichen einzuführen.

KONSEQUENTE ANWENDUNG

Alle diese Methoden sind schnell beschrieben, funktionieren wie gesagt nur, wenn sie konsequent angewandt werden. Gehen Sie z. B. täglich zum Kindergarten mit dem Hund, und er kann dabei ziehen, weil Sie nun einmal pünktlich dort sein müssen, dann ist eine gute Leinenführigkeit nicht zu erwarten.

Die Benutzung des Kopfhalfters (siehe Seite 144) ist eine sinnvolle Alternative, wenn Sie im Tagesablauf Situationen nicht vermeiden können, in denen Sie mit dem angeleinten Hund dringend irgendwohin müssen und weder Zeit zum Stehenbleiben noch zum Umkehren haben.

Nehmen Sie sich täglich mehrere Minuten Zeit zu üben, doch gestatten Sie dem Hund auch ansonsten nicht mehr, an der Leine zu ziehen, sonst ist Ihre ganze Mühe umsonst. Die Konsequenz im Alltag ist hier weitaus wichtiger als etwa das Training auf einem eingezäunten „Platz" zweimal pro Woche.

KEINE STARKZWANG-MITTEL EINSETZEN

Haben Sie mit den beschriebenen Möglichkeiten nach zwei oder drei Wochen täglichen Übens keinerlei oder nur sehr wenig Erfolg, sollten Sie sich trotzdem dringend vor dem Einsatz eines

Neben der Erziehung ist auch eine ausreichende Auslastung Teil einer guten Leinenführigkeit.

Stachelhalsbandes oder Achseltrainers hüten! Gewöhnen Sie den Hund an ein Kopfhalfter (siehe Seite 144), dies macht den Einsatz althergebrachter Starkzwangmittel heutzutage überflüssig. Sie können sich mit dem Kopfhalfter – vorausgesetzt, der Hund ist es gewöhnt – den Luxus eines variablen Einsatzes leisten. Es gibt Hunde, die an bestimmten Plätzen ziehen, an anderen nicht. Wieder andere ziehen lediglich zu bestimmten Tageszeiten, je nach Aktivitätskurve. Überprüfen Sie auch, ob Ihr Hund genügend Auslauf erhält. Spaziergänge an der kurzen Leine reichen nicht aus, um einen Hund auszulasten. Insbesondere während der Schleppleinenphase, bei vielen Hunden jedoch auch darüber hinaus, ist spezielles Bewegungstraining, z. B. Laufen am Fahrrad, erforderlich. Körperliche Auslastung muss man dem Hund schon gewähren, bevor man sich über mangelnde Leinenführigkeit beschwert. Jeder Hundebesitzer sollte sich außerdem kritisch fragen, ob sein Hund auch psychisch genügend ausgelastet ist. Die meisten Hundebesitzer haben hochgezüchtete Rassehunde, die ursprünglich eine ganz bestimmte Aufgabe erfüllen mussten. Heutzutage fehlt den meisten Hunden nun schlicht und ergreifend eine Beschäftigung.

Was für einen „Job" hat eigentlich Ihr Hund? Die zuverlässigste Möglichkeit, dem Hund starkes Ziehen an der Leine abzugewöhnen, ist, ihn auszulasten. Ein Hund, der genügend Bewegung hat und auch gefordert wird, indem er lernen und spielen darf, lernt eine zuverlässige Leinenführigkeit viel leichter. Gerade Suchspiele können im Alltag schnell dabei helfen, den Hund besser auszulasten.

TRAININGSPLAN **LEINENFÜHRIGKEIT**

VARIANTE	WIE WIRD'S GEMACHT?	WO UND WIE OFT?	HILFE, ES KLAPPT NICHT!	LERNZIEL
01	**Stehenbleiben** Sobald sich die Leine auch nur leicht anspannt (egal warum), abrupt stehen bleiben! Solange der Hund weiterzieht, nicht reagieren! Wenn er sich umdreht oder die Leine lockert, weitergehen.	Immer und überall. Immer.	Wenn Sie nach einigen Tagen konsequenter Anwendung das Gefühl haben, dass Ihr Hund sich überhaupt nicht für das Stehenbleiben interessiert, andere Methode probieren (Kopfhalfter). Auslastung des Hundes prüfen.	Der Hund zieht nicht mehr an der Leine.
02	**Richtungswechsel** Bei jedem Zug an der Leine wechseln Sie sofort die Richtung (mindestens 90°-Winkel, noch besser: Sie machen eine Kehrtwendung).	Immer und überall. Immer.	Andere Methode anwenden. Auf Kopfhalfter umsteigen.	Der Hund zieht nicht mehr an der Leine.
03	**Den richtigen Moment** (lockere Leine, aufmerksamer Hund), mit Click markern und belohnen.	Immer und überall. Immer.	Andere Methode anwenden. Auf Kopfhalfter umsteigen.	Auslastung des Hundes prüfen. Der Hund zieht nicht mehr an der Leine.

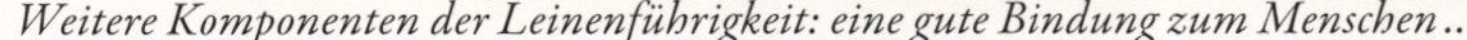

Weitere Komponenten der Leinenführigkeit: eine gute Bindung zum Menschen …

… und gemeinsame Aktivitäten.

DAS KOPFHALFTER

Sollten Sie mit der Leinenführigkeit in der beschriebenen Art und Weise keinen Erfolg haben oder Ihr Hund so kräftig sein, dass Sie ihn einfach nicht halten können, empfehlen wir Ihnen den Einsatz eines Kopfhalfters.

VORTEILE DES KOPFHALFTERS

Das Kopfhalfter ist eine echte Alternative zu althergebrachten Methoden, wie z. B. dem Stachelhalsband, und besonders gut geeignet für Menschen, deren Hunde über so viel Kraft verfügen, dass eine Korrektur mit normalem Halsband schwerfällt. Darüber hinaus eignet es sich auch, wenig kooperationsbereite Hunde zu führen, da die direkte Einwirkung am Kopf diesen bewusst macht, dass sie sich führen lassen müssen und nicht selbst führen dürfen.

Bei korrekter Anwendung können Sie Ihren Hund mit dem Kopfhalfter nicht verletzen (siehe Seite 148).

GEWÖHNUNG AN DAS KOPFHALFTER

Um den Hund mit dem Halfter vertraut zu machen, bedarf es einer gewissen Eingewöhnungsphase, die überlegt aufgebaut sein sollte. Gehen Sie hierbei nicht zu schnell vor.

ABLENKUNGSREIZE EINSETZEN

Wenn Sie dem Hund das Kopfhalfter zum ersten Mal umlegen, achten Sie darauf, dass dies zu Hause in einer entspannten Atmosphäre geschieht. Nutzen Sie auch hier unbedingt eine positive Stimmungsübertragung. Erzählen Sie dem Hund, während Sie das Halfter holen, dass jetzt gleich etwas unglaublich Tolles und Schönes passieren wird. Halten Sie nicht die Luft an, während Sie das Halfter schließen, sondern reden Sie unentwegt mit begeisterter Stimme darüber, wie toll das doch sei, wie schön der Hund jetzt aussehe usw. Letztere Empfehlung bedeutet natürlich nicht, dass Ihr Hund versteht, was Sie da so erzählen, sondern soll lediglich Ihnen helfen, Ihrer Stimme den richtigen Klang zu verleihen. Der richtige Zeit-

Das erste Anlegen sollte in ruhiger Atmosphäre erfolgen.

Sobald das Halfter über der Nase ist, Click/Leckerchen.

Richtige Passform: locker ohne einzuengen.

punkt fürs Markerwort „Click“: In dem Moment, in dem Sie das Halfter über die Nase streifen. Weiterhin können Sie die Fütterungszeiten für die Gewöhnung nutzen: Legen Sie das Halfter zunächst um, kurz bevor der Hund gefüttert wird. Hat er gefressen, nehmen Sie es gleich wieder ab. Zusätzlich ziehen Sie dem Hund das Halfter am ersten Tag zwei- bis dreimal an und leiten unmittelbar danach ein Spiel mit ihm ein.

Dann gibt es Futter oder ein gemeinsames Spiel.

Achten Sie darauf, dass das Spiel verlockend und spannend ist. Einige Minuten reichen aus. Sie brechen das Spiel ab und ziehen das Halfter aus. Verlängern Sie die Minuten, in denen der Hund das Kopfhalfter im Haus trägt, täglich etwas, und lenken Sie ihn dabei durch Spiel, Fütterung, Leckerchen ab.

In dieser Phase, die bei täglichem Üben ca. vier bis fünf Tage dauern sollte, legen Sie bitte keinesfalls die Leine an das Halfter. Der Hund soll Zeit haben, das Halfter als etwas Harmloses und Positives kennenzulernen. Lassen Sie sich nicht verführen, das Halfter ohne Eingewöhnungsphase zu testen. Möglicherweise sträubt Ihr Hund sich stark gegen die für ihn sehr ungewohnte Form der Einwirkung und Sie haben sich um eine echte Möglichkeit gebracht, einen Hund zu bekommen, der sich mit zwei Fingern an der Leine führen lässt.

Aus Fairness dem Hund gegenüber sollten wir uns die Mühe machen, die kleine Anstrengung der Eingewöhnung auf uns zu nehmen. Das Ergebnis wird Sie überraschen!

ÜBUNGEN MIT DOPPELLEINE

Haben Sie das Gefühl, Ihr Hund sei nun ohne Leine einigermaßen vertraut mit dem Halfter, legen Sie ihm zusätzlich sein gewöhnliches Halsband an und verbinden eine Leine mit zwei Haken mit Halfter und Halsband. Achten Sie bitte darauf, dass der Haken am Kopfhalfter in Größe und Schwere Ihrem Hund angemessen ist. Die Leine soll insgesamt nicht viel länger als zwei Meter sein.
Lassen Sie die Leine nun locker durchhängen und locken Sie Ihren Hund mittels Leckerchen, an Ihrer Seite zu folgen. Wählen Sie für dieses erste Führen am Halfter unbedingt einen ruhigen Ort, beispielsweise Ihr Wohnzimmer oder Ihren Garten. Seien Sie die erste Zeit unbedingt großzügig mit der Futtergabe. Ein Leckerchen alle zwei bis drei Schritte (markern Sie mit Click den richtigen Moment) und ausführliches Loben ist durchaus angemessen. Achten Sie darauf, dass die Leine locker bleibt und kein Zug aufs Halfter ausgeübt wird. Erst wenn Ihr Hund Ihnen willig folgt, reduzieren Sie die Leckerchengabe nach und nach. Irgendwann kommt möglicherweise der Zeitpunkt, an dem Ihrem Hund das Halfter wieder bewusst wird und er versucht, es abzustreifen. Sagen Sie ein deutliches „Nein“ und nehmen Sie die Halfterleine einen Moment kurz, damit der Hund mit dem Kopf oben bleiben muss. Im nächsten Moment schon lassen Sie wieder locker, zeigen ihm ein Leckerchen und belohnen ihn für den nächsten Schritt, mit dem er ihnen folgt. Ihr Hund soll lernen, dass Zappeln am Halfter etwas unangenehm für ihn wird, Ihnen folgen aber auf jeden Fall lohnend ist. Wehrt sich Ihr Hund ständig weiterhin gegen das Halfter, sollten Sie die Gewöhnungsphase ohne Leineneinsatz deutlich verlängern.

01

02

03

04

05

Wenn Sie und Ihr Hund mit der Handhabung des Halfters nach einigen Tagen vertrauter sind, können Sie sich in Gebiete mit wenig Ablenkung wagen. Am besten verschaffen Sie Ihrem Hund vorher ausgiebig Auslauf an der Schleppleine, bevor Sie „draußen“ zum Halfter greifen. Halten Sie die Leine so, dass das Ende, das zum Halfter führt, ein kleines bisschen kürzer ist als der Halsbandteil. Trotzdem sollten beide Leinen locker durchhängen, wenn der Hund auf Ihrer Höhe läuft. Unter Ablenkung wird es nun zum ersten Mal vorkommen, dass Ihr Hund wie gewohnt nach vorn zieht. Halten Sie die Leinen wie beschrieben, müssen Sie nun erst einmal gar nichts tun. Sobald Ihr Hund zwei, drei Schritte vor Ihnen ist, wird er sich durch das Halfter selbst bremsen. Nun müssen Sie aufpassen: Korrigiert sich Ihr Hund nun, indem er verlangsamt und eventuell sogar zu Ihnen aufblickt, müssen Sie ihn sofort loben, d. h. in dem Moment, in dem sich die Leine wieder lockert. Keinesfalls sollten Sie diesen Vorgang durch einen Ruck o. Ä. am Halfter verstärken. Es gibt aber natürlich auch noch unsensiblere Kandidaten unter unseren Vierbeinern. Sie spüren zwar den sich nun aufbauenden Druck auf ihrer Nase, halten aber dagegen und ziehen nun eben am Halfter. Auch wenn dieses Ziehen für den Menschen wesentlich angenehmer zu handhaben ist, weil die ausgeübte Kraft des Hundes wesentlich geringer ist als am Halsband, sollten Sie dies keinesfalls zulassen. Leider zeigt nämlich die Erfahrung, dass diese „zugstarken“ Hunde sonst im Laufe der Zeit immer mehr auch am Halfter ziehen und somit dieses wunderbare Hilfsmittel immer nutzloser wird.

01 *Die ersten Schritte am Halfter (ohne Zug auf der Leine) werden mit häufigen Clicks und Leckerchen belohnt.*

02 *Es sollte möglichst kein Zug aufs Halfter ausgeübt werden.*

03 *Das Leinenende am Halfter halten Sie etwas kürzer als das am Halsband.*

04 *Versucht er es abzustreifen, nehmen Sie das Leinenende am Halfter für einen Moment kurz.*

05 *In der Regel bremst sich der Hund nach Zug auf das Halfter selbst.*

Nach der Gewöhnung folgt das Üben unter Ablenkung.

Auch hier halten Sie die Leine ganz normal …

… Der Hund bremst sich selbst und die Zuwendung zum Menschen sollte sofort belohnt werden.

Haben Sie einen solchen Kandidaten, machen Sie eine scharfe Kehrtwendung, sobald Ihr Hund Druck aufbaut und nicht daran denkt, sich selbst zu korrigieren. Hierdurch gerät der Hund wieder an Ihre Seite. Jetzt bitte sofort Lob und Leckerchen!

Bei Junghunden unter fünf Monaten sollten Sie das Halfter übrigens nicht benutzen, sondern die notwendige Zeit lieber in das Trainieren einer guten Leinenführigkeit von Anfang an investieren.

Sobald Ihr Hund gut am Halfter zu führen ist und weder daran herumzappelt noch versucht, es abzustreifen, können Sie statt der Doppelleine auch eine sogenannte LazyLead©-Leine benutzen.

Diese ist in der Handhabung nochmals bequemer und einfacher für den Menschen.

Unsere mittlerweile langjährige Erfahrung mit Kopfhalftern zeigt, dass der überwiegende Teil aller Hunde nach einigen Monaten Einsatz schlicht und ergreifend lernt, dass sich Ziehen nicht lohnt und sich einfach daran gewöhnt, an lockerer Leine neben dem Menschen zu laufen. Sobald es soweit ist, können Sie das Halfter einfach abnehmen. Stecken Sie es zur Sicherheit in die Tasche, damit Sie es – wenn nötig – sofort zur Hand haben. Bei körperlich eingeschränkten Menschen und sehr kräftigen Hunden sehen wir auch kein Problem mit einem dauerhaften Einsatz.

Wichtig!

Bitte verwenden Sie das Kopfhalfter ausschließlich an kurzer Leine, keinesfalls mit Schleppleine, Roll-Leine oder Ähnlichem, da hier eine nicht unerhebliche Verletzungsgefahr besteht. An der kurzen Leine ist dies nicht der Fall. Im Freilauf und unbeaufsichtigt sollte der Hund das Halfter ebenfalls nicht tragen, damit er mit ihm nicht an Büschen etc. hängen bleiben kann.

Im Internet und unter Hundefreunden kursieren immer wieder Gerüchte über schlimme Verletzungen oder gar Genickbrüche durch den Einsatz eines Kopfhalfters. Wir und viele Tausende von Trainerkollegen weltweit benutzen inzwischen seit fast 20 Jahren Kopfhalfter – und noch nie konnte jemand tatsächlich glaubhaft eine Verletzung berichten.

☞ TRAININGSPLAN **KOPFHALFTER**

SCHRITTE	WIE WIRD'S GEMACHT?	WO UND WIE OFT?	HILFE, ES KLAPPT NICHT!	LERNZIEL
01	**Gewöhnung:** Kopfhalfter mit freundlichen Worten anlegen und dem Hund sofort Futter hinstellen (ggf. etwas besonders Leckeres). Nach dem Fressen Halfter sofort wieder abnehmen. Zusätzlich: Halfter anlegen, Kopf massieren, abnehmen.	Zu Hause ohne Ablenkung. Täglich mindestens sechsmal, jeweils nur für zwei bis drei Minuten; ca. eine Woche lang, bei besonders gelassenen Hunden evtl. nur drei bis vier Tage.	Frisst der Hund nicht, versuchen Sie es mit Spielzeug oder mit sehr gutem Futter.	Ihr Hund lässt sich das Kopfhalfter gern anlegen und wehrt sich nicht.
02	**Laufen mit Kopfhalfter:** Locken Sie den Hund mit Kopfhalfter mit Leckerchen durch die Wohnung. Alle paar Schritte ein Leckerchen geben.	Zu Hause, später evtl. im Garten, Hof etc. ohne Ablenkung. Täglich mindestens sechsmal, jeweils ca. fünf Minuten; ca. drei bis vier Tage.	Zurück zu Schritt 1.	Der Hund läuft mit Kopfhalfter (ohne Leine) einige Schritte.
03	**Laufen mit Leine:** Sie brauchen eine Doppelleine (oder zwei Leinen). Einen Haken am Halfter, einen am Halsband befestigen. Die Leinen halten Sie locker in der Hand, locken Sie Ihren Hund immer noch mit Leckerchen vorwärts.	Zu Hause, beim Spaziergang zwischendurch ohne Ablenkung. Täglich mindestens sechsmal, jeweils ca. fünf Minuten; ca. drei bis vier Tage.	Wehrt sich der Hund immer noch gegen das Kopfhalfter, führen Sie seinen Kopf sanft nach oben. Sobald er entspannt ist, lassen Sie die Leine wieder locker. Loben!	Hund zieht nicht mehr an der Leine.
04	**Hund immer an Doppelleine führen!** Kleine Wendungen einbauen, Leckerchen langsam abbauen.	Ablenkung langsam steigern. Bei jeder Gelegenheit. Führen Sie Ihren Hund normalerweise selten an der kurzen Leine, dann immer noch mehrmals täglich gezielt üben!	Häufiger üben.	Hund zieht nicht mehr an der Leine.

„FUSS"-TRAINING

LERNZIEL

Läuft der Hund ohne zu ziehen an der Leine, bezeichnen wir dies als Leinenführigkeit. Soll der Hund aber immer dicht an Ihrer Seite bleiben, sich Ihrer Gangart und eventuellen Wendungen perfekt anpassen und sich hinsetzen, sobald Sie stehen bleiben, nennen wir dies „Fuß"-Training. Ein genaues „Fuß"-Laufen ist die Voraussetzung für die sogenannte Freifolge, d. h. der Hund bleibt ohne Leine auf der von Ihnen gewünschten Seite. Um dies zu erreichen, ist allerdings häufiges Üben erforderlich. In Perfektion ist dies erst nach einigen Monaten intensiven Trainings möglich. Planen Sie evtl. eine Sportkarriere mit Ihrem Hund, sollten Sie fürs „Fuß"-Laufen die linke Seite wählen, da dies in so gut wie allen Sportprüfungen so vorgeschrieben ist.

HÖRZEICHEN

Als Hörzeichen verwendet man „Fuß". Der Tonfall ist aufmunternd und fröhlich.

TRAININGSSCHRITTE

SCHRITT 1: MARKERTRAINING

Sie nehmen den Hund an Ihre linke Seite und verlangen „Sitz" und „Schau".

> **RECHTS ODER LINKS FÜHREN?**
>
> Ob Sie Ihren Hund auf der rechten oder linken Seite führen, bleibt ganz Ihnen überlassen. In den meisten Hundesportarten ist es Tradition (nicht mehr und nicht weniger), den Hund links zu führen. Sie sollten lediglich die einmal gewählte Seite vorerst beibehalten. Im fortgeschrittenen Stadium spricht nichts dagegen, den Hund auch auf der anderen Seite (mit einem neuen Hörzeichen) zu führen.

Haben Sie seine Aufmerksamkeit, gehen Sie flott los. Sobald der Hund an der richtigen Position ist, Click und Leckerchen (das sollte bereits nach ein, zwei Schritten der Fall sein). Laufen Sie flott und zackig, evtl. dicht neben einer Mauer oder neben einem Zaun, um Ihrem Hund die richtige Position zu erleichtern. Einige Meter reichen für jede Trainingseinheit völlig aus. Diese Übung können Sie täglich mehrmals wiederholen.

SCHRITT 2: WENDUNGEN EINBAUEN

Mit zunehmender Konzentration des Hundes beginnen Sie, kleine Winkel und Wendungen einzubauen. Gehen Sie nicht zu lange geradeaus (höchstens einige Schritte), dann bauen Sie Wendungen ein, damit der Hund lernt, Ihnen zu folgen. Vorsicht: Überfordern Sie den Hund nicht! Der Hund soll noch nicht perfekt „Fuß" laufen, sondern lediglich das Hörzeichen kennenlernen und Spaß damit verknüpfen. Bis zum Ende des Welpenalters darf das „Fuß"-Training beispielsweise einige wenige Minuten am Stück nicht überschreiten. Mit zunehmendem Alter kann man eine längere Konzentration des Hundes verlangen.

DAS RICHTIGE TIMING

Der wichtigste Punkt ist hier das richtige Timing. Die Verstärkung durch Click und Leckerchen muss im richtigen Moment kommen: Der Hund läuft an lockerer Leine neben Ihnen und schaut sie an! Sieht er weg, springt er hoch oder zieht er gerade, bekommt er auf keinen Fall ein Leckerchen. Dieses Timing und das Handling mit Leckerchen, Leine und Hund sind nicht ganz leicht und erfordern häufiges Üben.
Reagiert Ihr Hund nicht genügend auf Leckerchen, müssen Sie darauf achten, dass er zu Beginn des Trainings auf jeden Fall Appetit hat. Benutzen

Sie notfalls Wurst- oder Käsestückchen. Beachten Sie in diesem Fall unbedingt auch das Kapitel zur Hundeernährung (siehe Seite 44) Natürlich gibt es auch Hunde, die stärker auf Spielzeug reagieren. Selbstverständlich können Sie in diesem Fall auch ein Spielzeug oder einen Futterdummy benutzen. Sie werfen es mit einem freudigen „Lauf" weg, wenn Sie Ihren Hund belohnen wollen. Generell gilt: Schnelles Tempo erleichtert das Lernen. Bei dieser Übung ist es außerdem unerlässlich, korrekt zu markern, damit der Hund genau vestehen kann, was eigentlich von ihm verlangt wird.

„Fuß"-Laufen bedeutet für den Hund die genaue Anpassung an die Gangart des Menschen. Bauen Sie viele Wendungen ein.

HUNDEERZIEHUNG
— *im Alltag*

KONSEQUENZ IM TÄGLICHEN UMGANG

Konsequenz im täglichen Umgang mit dem Hund ist außerordentlich wichtig. Natürlich sind Erziehungsübungen wie „Sitz", „Platz", „Fuß" etc. von Bedeutung, und der Hund sollte sie beherrschen. Doch Erziehung darf nicht im luftleeren Raum stehen oder auf einige Minuten am Tag beschränkt bleiben, die für konkrete Übungen wie die genannten aufgewendet werden. 30 Minuten Erziehung am Tag ist in der Regel absolut sinnlos, wenn der Hund die übrige Zeit des Tages keinerlei oder nur inkonsequente Erziehung erfährt.
Die folgenden Kapitel möchten daher Anregungen für den Alltag geben. Erziehung soll hier so integriert werden, dass diese zum täglichen Lebensbestandteil des Hundes wird. Lassen Sie sich bitte nicht von der Kürze mancher Punkte täuschen. Erziehungsübungen, die ohne Verhaltensumstellung des Menschen im Alltag erfolgen, bescheren leider in den seltensten Fällen den erwünschten gut erzogenen Hund.
Zunächst möchten wir Ihnen aber einige grundlegende Gedanken über die vielbeschworene Konsequenz mit auf den Weg geben.

VERLANGEN SIE NICHTS, WAS SIE NICHT DURCHSETZEN KÖNNEN

Dies ist einer der wichtigsten Grundsätze in der Hundeerziehung. Konsequenz bedeutet, sich stets an die gleichen Regeln zu halten. Aber es bedeutet vor allem auch, nichts zu fordern, was man nicht durchsetzen kann oder will, da man ansonsten automatisch inkonsequent verfährt. Angenommen, Sie wissen nicht genau, ob Ihr Hund unter großer Ablenkung „Sitz" o. Ä. befolgt oder sind sich relativ sicher, dass Sie das Hörzeichen fünf- oder sechsmal geben müssen, bis der Hund reagiert, um nach spätestens drei Sekunden wieder aufzuspringen, so verlangen Sie besser nichts von ihm; Sie machen sich nur unglaubwürdig. Andernfalls erfährt der Hund ein katastrophales Lernerlebnis: „Hörzeichen gehen mich nichts an!" Entweder lernt er, Sie und Ihr Hörzeichen komplett zu ignorieren oder diese erst nach der „zigsten" Wiederholung zu befolgen. Der Mensch neigt leider stark dazu, nicht befolgte Hörzeichen zu verharmlosen und achselzuckend hinzunehmen. Der Hund hingegen lernt dabei Ignoranz.

Gemeinsames Agieren ist auch in der Mensch-Hund-Konstellation von großer Bedeutung.

FRUSTRATIONSTOLERANZ UND IMPULSKONTROLLE

Diese beiden Punkte sind in den letzten Jahren in unserer zunehmend enger und hektischer werdenden Welt sehr wichtig geworden. Was genau ist nun darunter zu verstehen:

Frustrationstoleranz Die Fähigkeit, auch unangenehme Situationen (und sei es nur Langeweile) auszuhalten.

Impulskontrolle Sich beherrschen können und nicht gleich jedem Drang nachgeben zu müssen.

Im Grunde handelt es sich hier um absolute Kernkompetenzen – ohne Impulskontrolle und ohne Frustrationstoleranz wird auch ein simpler Rückruf angesichts eines Hundekumpels zum Ding der Unmöglichkeit. Neben dem einfachen Erlernen des Hörzeichens muss der Hund den Impuls, zum Freund zu laufen, beherrschen und den Frust aushalten, seinen Wunsch auf gemeinsames Spiel nicht erfüllt zu bekommen. Dieses Beispiel ist so gut wie auf jede Situation im Hundeleben übertragbar.

PRAXISÜBUNGEN

Für alle Übungen gilt, dass sie bereits beim Welpen eingeführt werden können. Selbstverständlich werden von jüngeren Hunden nur kurze Sequenzen verlangt, die Zeitdauer kann langsam gesteigert werden. Beim Junghund oder erwachsenen Hund können die Ansprüche und damit die Zeiten erhöht werden.

WARTEN LERNEN

Fuß auf die Leine Als Anfangssignal lässt sich gut der Fuß auf der Leine etablieren. Stellen Sie den Fuß so auf die Leine, dass der Hund sitzen oder stehen kann, aber sonst keinen großen Spielraum hat. Diese Vorgehensweise hat den Vorteil, dass man selbst ganz ruhig stehen bleiben kann (Stimmungsübertragung!) und nicht durch Bewegen des Armes Nachgeben

01

02

signalisiert (oder unbeabsichtigt doch ein, zwei Schritte dem ziehenden Hund folgt). Ignorieren Sie Zappeln, Jammern, Bellen etc. Belohnen Sie ruhiges Verhalten durch kurze Zuwendung (Streicheln, hin und wieder ein Leckerchen).

Anbinden Heute gibt es im Alltag nur noch wenige Situationen, in denen der Hund tatsächlich angebunden werden muss. Den Hund beispielsweise unbeaufsichtigt vor einem Geschäft warten zu lassen, empfiehlt sich nur noch in absolut ruhigen und ländlichen Gegenden. Als Übung ist es jedoch fast unschlagbar. Beginnen Sie mit einem relativ müden Hund in ruhiger, ablenkungsfreier Umgebung und entfernen sich nur ein bis zwei Meter. Ignorieren Sie Bellen, Zappeln etc. Sobald der Hund einen Moment ruhig ist, wenden Sie sich ihm wieder zu und holen ihn ab. Steigern Sie langsam Dauer und Entfernung.

03

04

Im „Sitz" oder „Platz" warten Wichtig ist, dass der Hund nur in ruhigen Momenten Zuwendung erhält bzw. abgeholt wird!

Bewegungsreize aushalten Sobald Ihr Hund „Sitz" oder „Platz" für einige Momente beibehalten kann und erst auf Freigabe „Lauf" hin wieder aufsteht, sollten Sie als Ablenkung auch Bewegungsreize mit einbauen. Hierzu gibt es verschiedene Möglichkeiten (die ersten Varianten sind im Kapitel „Sitz" ab Seite 124) beschrieben. Eine Möglichkeit ist es, sich selbst zu bewegen. Beginnen Sie mit ruhigen Seitwärts- und Rückwärtsschritten. Steigerungsmöglichkeiten sind: Mehr und/oder schnellere Schritte vom Hund weg, Hund dabei den Rücken zudrehen, Hund umrunden. Hüpfen und schließlich sogar wegrennen.
Die zweite Möglichkeit besteht darin, Gegenstände oder Futter ins Spiel zu bringen: Als ersten Schritt lassen Sie ein Leckerchen oder Spielzeug einen Schritt vor dem Hund aus geringer Höhe fallen. Belohnen Sie nicht immer mit Freigabe des Hundes, sondern mit Futter. Freigabe erst nach „Schau"! Steigerungsmöglichkeiten sind nun weiteres und schnelleres Werfen.
Die dritte Möglichkeit sind natürlich andere Hunde (und je nach Hund auch sich bewegende Menschen).

Weitere Praxisübungen zu Frustrationstoleranz und Impulskontrolle sind „Sitz", „Platz", Leinenführigkeit, „Schau" und alle anderen Basisübungen, wie sich in Bewegung stoppen lassen, nicht gleich zum Futter dürfen.

01 – 04 Lassen Sie ein Leckerchen in einiger Entfernung fallen. Der Hund darf nicht zum Leckerchen. Nach einem „Schau", also Konzentration auf den Menschen , wird er mit einem (anderen) Leckerchen belohnt.

TRAININGSPLAN **IMPULSKONTROLLE**

SCHRITTE	WIE WIRD'S GEMACHT?	WO UND WIE OFT?	HILFE, ES KLAPPT NICHT!	LERNZIEL
01	Fuß auf die Leine stellen, sodass der Hund maximal sitzen kann.	Mehrmals täglich in allen möglichen Alltagssituationen.	Mit weniger Ablenkung häufiger üben. Auf den richtigen Moment der Freigabe achten (Hund ist ruhig).	Hund wartet ruhig neben Ihnen.
02	Hund anbinden, maximal 1 Meter Länge. Entfernen Sie sich zu Beginn nur ein bis zwei Schritte.	Zuerst in ruhiger Umgebung mit müdem Hund, Alenkung langsam steigern, mehrmals wöchentlich üben. Entfernung ebenfalls steigern.	Hund anbinden, sich von ihm wegdrehen und sofort wieder zu ihm kommen, bevor er noch jammern kann.	Hund lernt angebunden zu warten.
03	Bei allen Übungen wie „Sitz", „Platz", „Schau" Ablenkung in Form von Futter einführen – Leckerchen liegen herum, werden fallen gelassen, fliegen am Hund vorbei.	Bei allen Übungseinheiten mit einführen. Wie immer langsam steigern – z. B. fällt das Leckerchen zu Beginn vor dem sitzenden Hund nur aus 10 cm Höhe.	Achten Sie strikt darauf, im richtigen Moment zu bestätigen, also wenn der Hund sich ruhig verhält.	Hund führt Übung aus, obwohl Futter oder Leckerchen als Ablenkung dient.
04	Bei allen Übungen wie „Sitz", „Platz", „Schau" Ablenkung in Form von Spielzeug einführen – insbesondere mit Bewegungsreizen.	Bei allen Übungseinheiten mit einführen. Wie immer langsam steigern – z. B. rollt der Ball vor dem sitzenden Hund langsam und nur 10 cm weit.	Lernschritte zu schnell gesteigert!	Hund führt Übung aus, obwohl z. B. ein Ball an ihm vorbeigeworfen wird.
05	„Komm" unter Ablenkung aller Möglichkeiten trainieren: An einem vollen Futternapf vorbei oder von ihm weg, vom Spielzeug weg, angesichts von ballspielenden Kindern etc.	Mit unattraktivem Futter und/oder wenig begehrtem Spielzeug beginnen. Mit Reizangel weiter üben!	Lernschritte zu schnell gesteigert!	Hund befolgt „Komm" auch angesichts von Futter oder fliegendem Spielzeug, dreht hinter geworfenem Spielzeug ab.

Eine gute Übung zur Frustrationstoleranz ist das Anbinden.

Drehen Sie sich weg, solange der Hund bellt oder zappelig ist.

Erst wenn er einen Moment ruhig ist, …

… gehen Sie hin und holen ihn wieder ab.

ALLTAGSÜBUNGEN

In den folgenden Alltagssituationen sollten Sie ab sofort die entsprechenden Hörzeichen immer einsetzen. Nutzen Sie jede Situation.

AUTOFAHREN

Hunde lieben es im Allgemeinen, Auto zu fahren. Die meisten Hunde wissen, dass am Ende der Autofahrt etwas Angenehmes steht, oft der Spaziergang. Den soll der Hund auch haben, doch zunächst soll er etwas für uns tun, bevor er mit diesem abwechslungsreichen Erlebnis belohnt wird. Bevor der Hund in das Auto springen darf, geben Sie das Hörzeichen „Sitz" und öffnen das Auto. Auf Hörzeichen „Lauf"/„Hopp" o. Ä. darf der Hund ins Auto springen.

Bevor Sie den Hund aus dem Auto herauslassen, geben Sie Hörzeichen „Bleib" und verlangen einige Sekunden Geduld. Verzichten Sie auf „Sitz" oder „Platz"; da Sie die Autotür hier zunächst nur ein kleines Stück öffnen sollten, haben Sie nämlich gar

Wichtig für die Sicherheit: Der Hund muss warten, bis Sie ihm erlauben, aus dem Auto zu hüpfen.

keine Kontrolle darüber, ob der Hund sich auch tatsächlich legt oder setzt. Erst wenn der Hund einige Sekunden (langsam bis fünf zählen!) ruhig akzeptiert hat, dass er noch nicht aus dem Auto darf, befreien Sie ihn mit „Lauf"/„Hopp". Springt er vorher heraus, befördern Sie ihn wieder hinein, schließen die Klappe und warten. Nach einigen Sekunden versuchen Sie es erneut. Lassen Sie die Leine am Hund, so gelingt es Ihnen leichter, ihn zu greifen, sollte er ohne Ihre Erlaubnis aus dem Auto springen. Nachdem der Hund aus dem Auto gesprungen ist, geben Sie Hörzeichen „Sitz" und lassen ihn erst auf Hörzeichen „Lauf" weg.
Auch bei Ihrer Rückkehr zum Auto sollten Sie darauf achten, dass der Hund erst auf Ihr Kommando in das Auto springt. Neben dem erzieherischen Aspekt erhöht diese Übung auch die Sicherheit für Ihren Hund.

AUFBRUCH ZUM SPAZIERGANG

Nehmen Sie die Leine zur Hand. Geben Sie Hörzeichen „Sitz". Erst wenn der Hund das Hörzeichen befolgt, leinen Sie ihn an. Wiederum möchte der Hund etwas, nämlich hinaus aus der langweiligen Wohnung. Das soll er auch, doch kann er dafür durchaus erneut eine Kleinigkeit für Sie tun. Achten Sie darauf, dass sich der Hund erst auf Ihr Hörzeichen „Lauf" erhebt, und gehen Sie zur Tür. Beachten Sie auch, dass der Hund Ihnen den Vortritt lässt. Um in aller Ruhe die Tür abschließen zu können, geben Sie Hörzeichen „Sitz", sind Sie fertig, Hörzeichen „Lauf".

ABLEINEN

Wo immer Sie den Hund ableinen, geben Sie vorher Hörzeichen „Sitz", verlangen kurze Geduld, „Schau" und belohnen mit Hörzeichen „Lauf" und anschließendem Freilauf (an der Schleppleine). Diese Vorgehensweisen machen Sie sich bitte erst dann zu eigen, wenn Sie und Ihr Hund innerhalb der Grundübungen schon bei „Sitz" angelangt sind, da Sie hier ansonsten in einen unnötigen Konflikt geraten.

Auch an der Haustüre gibt der Mensch die Erlaubnis zum Verlassen des Hauses.

VORSICHT, FALLE!

Hunde lernen sehr stark kontextbezogen, das bedeutet, sie beziehen die gesamten Übungsumstände wie Umgebung, Tageszeit, Ort, Trainer etc. mit in ihren Lernvorgang ein. Übt man nun immer am gleichen Ort (z. B. in der Hundeschule oder auf einer bestimmten Wiese) oder immer zum gleichen Zeitpunkt (z. B. beim nachmittäglichen Spaziergang), kann es leicht passieren, dass der Hund der Meinung ist, diese Übungen gelten auch nur an diesem Ort oder zu diesem Zeitpunkt.
Bindet man hingegen alle Übungen immer wieder in den Alltag ein, bekommt man auch genau dieses Ergebnis: Einen alltagstauglichen, angenehmen Begleiter!

ORIENTIERUNG BIETEN – LEADERSHIP

Mit diesem wichtigen Kapitel steht und fällt möglicherweise der komplette Erfolg Ihrer Erziehungsbemühungen. Deshalb empfehlen wir Ihnen eine sorgfältige und selbstkritische Lektüre, egal, welches Problem Sie mit Ihrem Hund haben.

Früher wurde so gut wie jedes Problem mit Dominanz und Rangordnung erklärt. Leider führte dies dazu, dass viele Hunde körperlich gemaßregelt und ihnen, egal bei welchem Verhalten, jederzeit umstürzlerische Motive unterstellt wurden. Im Gegenzug etablierte sich sozusagen eine „Gegenbewegung", die dem Hund keinerlei Einschränkung mehr zumuten wollte, was ähnliche Auswirkungen wie die antiautoritäre Erziehung bei Kindern zur Folge hat.
Richtig ist, wie in fast allen Lebensbereichen, der goldene Mittelweg: Führung und Orientierung bieten, klare Regeln aufstellen, gewünschtes Verhalten trainieren und Grenzen setzen.
Stellen Sie Regeln für den Alltag auf. Früher war man – auch wir – der Meinung, dass Regeln wie nicht vom Tisch füttern oder zuerst durch die Tür gehen etc. zu eine Rangreduzierung führen würden. Ob und wie Hunde das tatsächlich empfinden, erklären wir Ihnen, wenn sich unser lang gehegter Wunsch, einmal für ein paar Stunden ein Hund sein zu dürfen, erfüllt hat. Tatsache ist aber, dass mit klar definierten Regeln, die auch möglichst mehrfach am Tag angewandt werden können, Hunden Führung und Halt geboten wird. Stellen Sie also für sich und Ihr Leben sinnvolle Regeln auf, die für den Hund gelten.
Wenn Sie zum Beispiel definieren, dass der Hund nicht mit aufs Sofa soll, dann sollte dies auch gelten. Sie dürfen klar definierte Ausnahmen machen, z. B. nur auf Aufforderung.
Doch Vorsicht Falle: Angenommen, Ihr Hund steht mit diesem ganz besonders süßen Blick vor Ihnen und starrt Sie so lange an, bis Sie die Erlaubnis fürs Sofa geben. Wer hat dann wen aufgefordert? Es sind diese kleinen Details, die einem das Hundehalterdasein oft erschweren. Schärfen Sie also Ihren Blick!

Hunde dürfen alles – aber nur im Rahmen dessen …

… was der Mensch definiert und vorgibt.

MEISTER DER MANIPULATION

Hunde besitzen unglaublich viele Strategien, ihre Wünsche zu erreichen und ihre Menschen zu manipulieren. Sind Sie tatsächlich der Meinung, dass Sie immer den Ton angeben in Ihrer Mensch-Hund-Beziehung? „Wieso?", werden Sie jetzt vielleicht antworten. „Ich übe jeden Tag mindestens eine halbe Stunde mit dem Hund, und der Hund befolgt auch die meisten Hörzeichen schon recht gut, viel besser als früher, obwohl, eben noch nicht immer, wenn er abgelenkt ist ..." Und dennoch: Als Erstes müssen wir uns klarmachen, dass die Kommunikation mit dem Hund nicht außerhalb von festgelegten Übungszeiten endet, sondern – im Gegenteil – dort erst richtig beginnt.
Viele Hunde, die während der Übungszeiten noch so halbwegs mitspielen, jedoch in Situationen, in denen es darauf ankommt, schlecht bis gar nicht gehorchen, haben ihre Menschen im Alltag so richtig in der Tasche. Vergessen Sie den frechen Dackel auf dem Sofa, der knurrend seinen Unmut signalisiert. Der „Durchschnittshund" setzt seine Wünsche aggressionsfrei durch und hat viel subtilere Strategien auf Lager.

WER FORDERT AUF – SIE ODER DER HUND?

In vielen Alltagssituationen setzen Hunde ganz gezielt ihre Wünsche durch. Der Hund will z. B. nach draußen, geht zur Tür und kratzt daran. Wir stehen auf und lassen ihn hinaus. Der Hund findet, dass es Zeit ist, zu fressen. Er geht zum Napf und sieht uns auffordernd an oder läuft winselnd vor der Küchentür auf und ab. Wir, voll des schlechten Gewissens wegen des armen Hundes, springen auf und bereiten ihm sein Futter. Der Hund möchte schmusen, legt sanft die Pfote oder seinen Kopf auf unseren Schoß und sieht so dermaßen rührend dabei aus, dass wir ihn sofort streicheln. Etwas später fällt dem Hund ein, dass er jetzt gerne spielen würde, und er bringt uns seinen Ball. Wir wissen schließlich, wie wichtig es ist, sich mit dem Hund zu beschäftigen, also lassen wir alles liegen, um dem Hund seinen Ball zu werfen.

Was in allen beschriebenen Fällen passiert ist: Der Hund hat agiert, wir haben reagiert. Er hat uns gesagt, was er will. Wir sind sofort oder vielleicht auch mit zeitlicher Verzögerung auf seine Wünsche eingegangen. Der Hund hat uns erfolgreich manipuliert und nicht nur jetzt für den Moment einen kleinen Sieg davongetragen. Er hat einen weiteren erfolgreichen Schritt in Richtung „Menschenerziehung leicht gemacht" vollzogen. Selbstverständlich ist dem Hund dies nicht bewusst – er plant nicht, uns „zu dominieren" oder „vom Thron zu stoßen". Er versucht ganz einfach, seine Wünsche auszudrücken und stellt seine Ansprüche. Dies darf man natürlich nicht nach menschlichen Moralvorstellungen messen. Geht man jedoch ständig darauf ein, hat es leider Konsequenzen.
Dass diese Situationen nicht nur einmal im Monat, sondern jeden Tag viele Male vorkommen, macht ihre Bedeutung aus. Denn der Hund macht dann entsprechend oft die Erfahrung, dass er es ist, der den Ton angibt. Dies wirkt sich verheerend auf seine Gehorsamsbereitschaft aus.
Beobachten Sie einmal einen ganzen Tag lang Ihr Verhalten und das Verhalten des Hundes. Trifft einiges auf Sie zu? Vielleicht ist Ihr Hund auch nur bei einem dieser Aspekte besonders aufdringlich, auch dann sollten Sie sich dieses Kapitel zu Herzen nehmen.
Was also tun, wenn Sie der Meinung sind, Ihr Hund höre nicht so, wie Sie es gern hätten?

Manipulationsverhalten, um die Aufmerksamkeit auf sich zu lenken.

FÜHRUNG ÜBERNEHMEN!

Ändern Sie die Reihenfolge der beschriebenen Aktionen und zeigen Sie Leadership! Die spannende Frage, die sich zwangsläufig aufdrängt, ist: „Wie stelle ich das an?“ Der Hund kratzt z. B. an der Tür, weil er hinaus will. Sie haben zwei Möglichkeiten. Entweder Sie ignorieren ihn vollkommen, und zwar so lange, bis er aufhört, Sie aufzufordern, die Tür aufzumachen, oder Sie schicken ihn auf seinen Platz (natürlich erst nach abgeschlossener Sauberkeitserziehung). In jedem Fall reicht es völlig aus, wenn der Hund sich einige Minuten ruhig verhalten hat und hiermit seine Akzeptanz zeigt. Dann rufen Sie ihn heran, loben ihn, gehen gemeinsam mit ihm zur Tür und gehen mit ihm hinaus. Am Anfang Ihrer konsequenten Alltagserziehung müssen Sie sich darauf gefasst machen, dass er eine ganze Zeit Theater macht und sich alles Erdenkliche einfallen lässt, um Sie „herumzukriegen“. Schließlich hat er dies lange genug so praktiziert und zwar mit regelmäßigem Erfolg. Erwarten Sie also nicht, dass sich dieses Verhaltensmuster durch zweiminütiges Ignorieren des Hundes durchbrechen lässt. Sie müssen bei dieser Alltagssituation natürlich abwägen. Haben Sie einen Hund, der seine Spaziergänge oder „Pinkelpausen“ im Garten regelmäßig einfordert, so ignorieren Sie die Aufforderungen des Hundes prinzipiell. Dabei reichen einige Minuten Geduld des Hundes völlig aus. Dies schadet ihm nicht, und Sie haben praktische Erziehungsarbeit geleistet. Haben Sie einen Hund, der seine Spaziergänge prinzipiell nicht aufdringlich einfordert, aber eines schönen Tages jammernd vor der Tür steht, so lassen Sie ihn selbstverständlich sofort raus. Sein ungewöhnliches Jammern ist mit Sicherheit begründet. Es geht schließlich lediglich darum, aufdringliche Verhaltensweisen des Hundes zu durchbrechen, um seine Gehorsamsbereitschaft zu erhöhen, und nicht darum, ihn zu quälen.

Ignorieren Sie forderndes Verhalten des Hundes.

RUDELFÜHRUNG, ELTERNSCHAFT ODER WAS?

Rudelführer – dieses Wort wird gern mit tyrannischer, brutaler Strenge gleichgesetzt. Elterliche Führung sei der Trend der Zeit … Das hört sich erst einmal toll an, schaut man genauer hin, ist es doch nur „alter Wein in neuen Schläuchen“. Auch Eltern können nicht alles partnerschaftlich diskutieren, sondern setzen ganz klare Grenzen, Ge- und Verbote. Oder diskutieren Sie etwa mit Ihrem Dreijährigen, ob er neben der Schnellstraße alleine laufen darf oder sich im Auto nicht anschnallen muss? Demokratie mit dem Hund funktioniert – allerdings vergisst man gern, dass ein demokratisches Miteinander auch bedeutet, dass der Hund „Nein“ sagen darf. Ich frage Sie daher: Gilt Demokratie auch dann noch, wenn er Ihren Rückruf angesichts einer Straße nicht befolgen möchte? Das Recht auf grenzenlose Freiheit endet dann, wenn andere Lebewesen betroffen sind: Jagen, Mobben, Belästigen, Anbellen, Anspringen, Verängstigen etc. Hier sind wir ganz klar der Meinung, dass der Hund kontrollierbar sein muss. Egal wie man es nun nennt, ohne Führung werden Hunde unkontrollierbar, distanzlos und eine Gefahr für sich und ihre Umwelt.

DER „AUSZEITHAKEN“

Ein sehr nützliches Hilfsmittel in der Hundeerziehung ist der sogenannte „Auszeithaken“. Wenn Sie in der Wohnung keine Möglichkeit

Eine Hausleine kann in vielen Situationen hilfreich sein.

haben, eine Leine zu befestigen, sollten Sie sich am Körbchen des Hundes einen entsprechend stabilen Haken in die Wand dübeln. Befestigen Sie dort eine Leine, die hängen bleiben sollte, damit sie stets griffbereit ist.
Dieser Auszeithaken ist sehr nützlich, wenn Sie z. B. das aufmerksamkeitsheischende Verhalten Ihres Hundes nicht ignorieren können, weil sonst das Mobiliar leidet. Sehr gute Dienste leistet der Haken auch, wenn der Hund noch nicht gelernt hat, auf das entsprechende Hörzeichen seinen Platz aufzusuchen und dort zu bleiben.
Möchte man Fehlverhalten mithilfe des Auszeithakens abbrechen, ist es auf keinen Fall sinnvoll, den Hund „stundenlang“ anzubinden. Der Hund verbringt die Zeitdauer des Angebundenseins nicht mit der „Schwere seines Vergehens“ in Verbindung. Es geht hier nur darum, das Verhalten des Hundes im richtigen Moment abzubrechen und ihn an der Fortsetzung zu hindern. Akzeptiert der Hund diese Maßnahme, indem er sich entspannt und unaufdringlich (d. h. ruhig) verhält, so ist das Ziel erreicht und der Hund kann abgeleint werden. Dies kann unter Umständen bereits nach ein bis zwei Minuten der Fall sein. Keinesfalls darf der Haken zur längeren Verwahrung des Hundes missbraucht werden oder der Hund daran ohne Beaufsichtigung bleiben.

BEIM FÜTTERN BEACHTEN

Fordert der Hund Sie auf, sein Futter bereitzustellen, so ignorieren Sie ihn vollkommen. Tun Sie so, als wäre er überhaupt nicht da. Es kann durchaus sein, dass Sie in den ersten Tagen einige Geduld und gute Nerven mitbringen müssen, um durchzuhalten. Wiederum können Sie den Hund auch auf seinen Platz schicken, wenn er beginnt, zu den gewohnten Fütterungszeiten unruhig zu werden.
Doch darauf sollten Sie nur zurückgreifen, wenn Sie auch durchsetzen können, dass er so lange auf seinem Platz bleibt, bis Sie ihm erlauben aufzustehen. Natürlich können Sie auch hier den Auszeithaken verwenden.

Der Mensch gibt vor, zu welcher Zeit getobt wird.

Und der Mensch bestimmt, ...

Geben Sie sich zu Beginn damit zufrieden, dass der Hund wenige Minuten Ruhe gegeben hat. Dann rufen Sie ihn zu sich oder leinen ihn ab, loben ihn und bereiten sein Futter zu. Achten Sie sorgfältig darauf, dass der Hund sein Futter erst erhält, wenn er tatsächlich kurze Zeit akzeptiert hat, dass Sie ihm nicht immer zu Diensten stehen, wenn er sich das wünscht. Sollte der Hund beispielsweise zwar halbwegs ruhig liegen bleiben, aber permanent vor sich hin winseln, belohnen Sie seine Strategie des Winselns, wenn Sie ihn nun füttern. Passen Sie also einen Moment ab, in dem der Hund sich tatsächlich ruhig verhält.

Gerade beim Füttern können Sie sich bei einem verfressenen und etwas verwöhnten Hund darauf einstellen, dass er zunächst ein ganz schönes Theater machen wird. Daran können Sie auch sehen, wie selbstverständlich es für Ihren Hund ist, dass Sie seine „Befehle" prompt befolgen. Es kann dann sogar vorkommen, dass Sie zu Beginn auch einmal eine Mahlzeit ausfallen lassen müssen, weil der Hund gar zu sehr protestiert und Sie ihn schließlich für diesen Protest nicht belohnen möchten. Keine Sorge, diese Erziehungsmaßnahme schadet dem Hund überhaupt nicht.

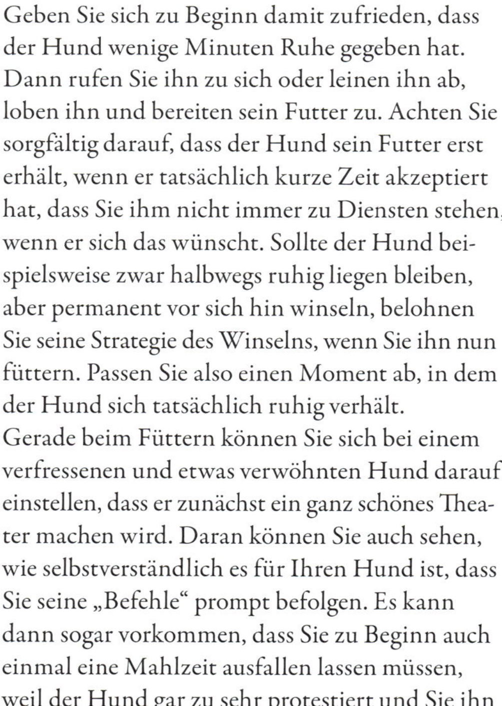

SCHMUSEN UND SPIELEN

Innerhalb dieser Interaktionsfelder ist es für den Hundebesitzer oft besonders schwer, manipulatives Verhalten des Hundes zu erkennen und entsprechend zu reagieren. Dies liegt womöglich daran, dass der Hund, der regelmäßig Streicheleinheiten oder Spiel fordert, dabei einfach rührend und so gar nicht aufdringlich wirkt. Es fällt schwer, einem Hundeblick zu widerstehen, der uns von unten nach oben anschmachtet. Bitte bedenken Sie erneut, dass manipulatives Verhalten keineswegs aggressiv sein muss und es in der Regel auch nicht ist.

Je nach Stärke und Häufigkeit der Forderungen Ihres Hundes können Sie beim Schmusen und Streicheln abwägen, ob Sie den Hund ignorieren oder wegschicken. Haben Sie ein Tier, das sich regelmäßig mehrmals am Tag an Sie „heran-

... wann es Zeit für das Hundekörbchen ist.

schmeißt", sollten Sie es so häufig wie möglich ignorieren. Trollt sich der Hund, können Sie ihn wenig später heranrufen und mit ihm schmusen. Nochmals: Der Unterschied ist schlicht und ergreifend, dass Sie agieren, der Hund hingegen reagiert, und so soll es in einem gut funktionierenden Rudel sein. Für das Spiel sind die genannten Regeln übertragbar.

MANIPULATIONS-STRATEGIEN

Manipulationsstrategien sind vielfältig und daher nicht immer leicht zu durchschauen. Manche Hunde winseln einfach nur leise vor sich hin, weil sie ihr Futter möchten. Andere stoßen demonstrativ mit der Nase an ihren Napf. Wieder andere laufen lediglich unruhig vor der Küchentür auf und ab. Dann gibt es Hunde, die einfach nur sanft mit der Schnauze die Hand des Menschen anstoßen und dabei fürchterlich süß aussehen.

Auch „ganz süß sein" kann eine Strategie sein. Möglicherweise erscheint Ihnen diese ganze Prozedur grausam und gemein. Das ehrt Sie als Mensch, offensichtlich haben Sie sehr demokratische Vorstellungen von den Regeln des Zusammenlebens. Hunde reagieren auf demokratische Spielregeln leider weder mit Liebe noch mit Gehorsam, sondern oft gerade genau mit dem Gegenteil. Beachten Sie bitte auch, dass es sich hier um Erziehung ganz ohne Gewalteinwirkung handelt, die eine ganz ungeheure Wirkung auf das Verhalten Ihres Hundes hat.

STÄNDIGE VERFÜGBARKEIT IST UNATTRAKTIV

Permanente Verfügbarkeit macht den Menschen für den Hund uninteressant; denken Sie daran, wie sich Kinder entwickeln, denen immer alles zur Verfügung steht und die keine Grenzen kennen. Wir möchten keinesfalls propagieren, dass Sie mit dem Hund nicht mehr schmusen o. Ä. sollen. Wünschen Sie sich einen folgsamen Hund, sollten Sie lediglich darauf achten, dass Sie bestimmen, wann, wo und wie. Anfangs mag die Umstellung etwas mühselig sein, da der Hund möglicherweise sein ganzes Repertoire aufbietet, um Sie herumzukriegen. Sind Sie hier konsequent und halten die ersten schwierigen Anfangsschritte durch, wird es wie von selbst laufen, da der Hund lernt, dass es zwecklos ist, Sie manipulieren zu wollen. Sie haben so im Prinzip den ganzen Tag Gelegenheit, nebenbei eine beträchtliche Menge an Erziehung zu leisten.

IGNORIEREN

Ignorieren Sie Ihren Hund, sobald er sein Manipulationsrepertoire abspult, und zwar so lange, bis seine Motivation erlahmt und er sich – und sei es tatsächlich nur für wenige Minuten – ruhig und unaufdringlich verhalten hat. Ignorieren bedeutet, so zu tun, als wäre der Hund nicht vorhanden, d. h. Sie sprechen ihn nicht an und schimpfen auch nicht mit ihm. In diesem Moment ist er einfach Luft für Sie.

OFFENES DROHVERHALTEN

Bereits das leichte Naserunzeln oder das leise Knurren kann offenes Drohverhalten sein. Hunde verfügen in der Regel über ein sehr differenziertes Ausdrucksvermögen. Schnappen oder Beißen stellt oft nur eine der letzten Stufen des offenen Aggressionsverhaltens dar und kann von körperlichen Beschwerden über Angst bis hin zu übertriebenem Statusbewusstsein sehr viele Ursachen haben. Fast immer müssen Sie außerdem mit einer Steigerung des Verhaltens rechnen. Keinesfalls dürfen Sie Knurren bestrafen – ansonsten kann es passieren, dass der Hund diese Warnung in der Eskalationsleiter auslässt und direkt beißt.

DROHGEBÄRDEN NICHT VERHARMLOSEN

Wichtig für Sie ist Folgendes: Bedroht Ihr Hund Sie oder andere Menschen, dürfen Sie dies keinesfalls verharmlosen. Knurren ist oft nur die erste Stufe. Leider können Sie auf keinen Fall darauf hoffen, dass es beim Knurren bleibt. Den Ursachen für aggressives Verhalten eines Hundes muss man unbedingt mit fachmännischer Hilfe auf den Grund gehen. Wir verweisen in diesem Zusammenhang auch auf unser Buch „Erziehungsprobleme beim Hund“.

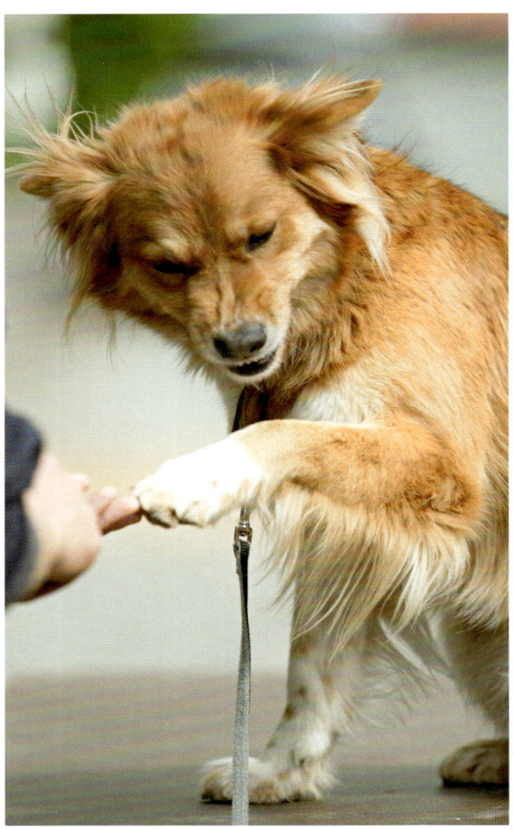

Schon das Naserunzeln oder das Hochziehen …

… der Lefzen können Drohverhalten sein.

Sobald der Hund an Ihnen hochspringt …

… drehen Sie sich wortlos um und gehen weg.

HOCHSPRINGEN ABGEWÖHNEN

Die allermeisten Hunde springen zur Begrüßung am Menschen hoch – ein Versuch, eine hundetypische Begrüßung mit Anstupsen der Maulwinkel (bzw. Mundwinkel des Menschen) zu erreichen. Trotzdem kann man dem Hund dies abgewöhnen und durch Maul-Hand-Kontakt ersetzen.

Die vielversprechende Methode heißt „Ignorieren". Ignorieren setzt – wie könnte es anders sein – absolute Konsequenz der ganzen Familie und aller sonstigen Personen voraus, die mit dem Hund Kontakt aufnehmen.

Jedes Mal, wenn Ihr Hund an Ihnen hochspringt, wenden Sie ihm wortlos, schnellstmöglich und ohne Blickkontakt den Rücken zu. Hier gilt: Kommen seine Pfoten wieder auf dem Boden an, drehen Sie sich wieder um, beugen sich hinunter und loben den Hund.

Diese Methode hört sich erst einmal einfach an, ist es aber in der Praxis nicht unbedingt. Ignorieren bedeutet: kein Wort, kein ärgerliches Gestöhn, kein Seufzen, keine ausgestreckte Hand in Richtung Hund darf von Ihnen kommen. Sie drehen sich wortlos und schnell um und entfernen sich zwei Schritte. Dann folgt eine freundliche Begrüßung, sobald der Hund das erwünschte Verhalten (alle Pfoten am Boden) zeigt.

Wichtig: Sobald der Hund in irgendeiner Situation nur mit mildem Vorwurf oder gar freundlicher Begrüßung beim Hochspringen bestärkt wird, ist Ihr ganzes bisheriges Training zunichte gemacht. Ignorieren klappt nicht, weil der Hund dann belästigt? Hier hilft eine Hausleine und das konsequente Üben von „Sitz" unter Ablenkung (siehe ab Seite 123).

Wenn Besucher Ihre Erziehungsübungen boykottieren, hilft es leider nur, sich unbeliebt zu machen. Nehmen Sie Ihren Hund an die Leine und lassen Sie ihn neben oder auf seinem Platz warten, bis er sich so weit beruhigt hat, dass er voraussichtlich nicht mehr hochspringen wird.

UNERWÜNSCHTES VERHALTEN IM HAUS

Beginnen Sie mit der Erziehung im Haus sofort, wenn der Welpe einzieht! Auch hier gilt: Einmal gefestigtes Verhalten wächst sich nicht aus!
Die folgenden Angaben beziehen sich in erster Linie auf Welpen. Die Verhaltensregeln können aber genauso gut und erfolgreich bei erwachsenen Hunden angewendet werden. Zum unerwünschten Verhalten im Haus zählen in erster Linie das Zerkauen von Gegenständen, die Belästigung von Gästen, das Springen auf Sessel oder Sofa, übermäßiges Bellen usw. Besonders beliebt sind bei Welpen auch die sogenannten „verrückten fünf Minuten", in denen Teppiche fliegen und der Hund den Eindruck macht, er wäre taub. Des Weiteren kann ein Hund, der nicht gelernt hat zu akzeptieren, dass er nicht immer im Mittelpunkt steht, im Haus oder in der Wohnung sehr unangenehm werden. Solche Hunde bestimmen oft den kompletten Tagesablauf ihrer Besitzer und sind völlig außerstande, sich anzupassen.

DIE HAUSLEINE

Wichtig ist die Möglichkeit, auch Einfluss auf den Hund nehmen zu können, ohne dass der Versuch in ein lustiges Fangspiel ausartet. Hierfür bietet sich eine Hausleine an. Eine Hausleine ist einfach eine leichte und dünne ca. 2 Meter lange Schnur, die der Hund ständig hinter sich her zieht. Am besten verwendet man tatsächlich eine Schnur (wobei es im Handel auch Hausleinen zu kaufen gibt), an der keine Schlaufe oder Ringe etc. sind, damit die Gefahr des Hängenbleibens minimiert wird. Selbstverständlich darf der Hund mit der Hausleine nicht ohne Aufsicht sein, falls er sich doch einmal verheddert.
Mittels der Hausleine hat man nun die Möglichkeit, auch auf Distanz einzuwirken. Ein Beispiel: Der Welpe kaut munter an den Teppichfransen herum. Greifen Sie nun nach dem Ende der Leine (noch wortlos!), sagen Sie „Nein" (vorausgesetzt,

Welpen kauen gern auf Spielzeug herum.

Aber sie müssen auch akzeptieren, es wieder abzugeben.

dies wurde schon gesondert trainiert, siehe Seite 112). Wendet sich der Hund nun von den Teppichfransen ab, loben Sie ihn und lassen ein kleines Spiel folgen. Kaut er munter weiter, zupfen Sie nun an der Hausleine und gehen ein paar Schritte rückwärts, sodass er die Teppichfransen loslassen muss – jetzt trotzdem loben! Auch wenn er das „Nein" nicht ganz freiwillig befolgt hat, folgt trotzdem ein Lob.

WEITERE EINSATZGEBIETE DER HAUSLEINE:

- „Komm" – die ersten „Erfolge" im Nichtbefolgen dieses Hörzeichens machen Hunde fast immer im Haus oder Garten – seien Sie einfach geschickter.
- Besucher nicht belästigen – ein Tritt auf die Leine verhindert erfolgreich, dass der Hund an Besuchern hochspringt.
- Warten üben – auch im Haus – beispielsweise während man in Ruhe die Zeitung liest.
- Nichts vom Tisch klauen usw.

Selbstverständlich ist dabei Voraussetzung, dass der Mensch auch anwesend ist. Wenn der Hund beispielsweise mehrmals am Tag am Tischbein nagen kann und nur einmal täglich dafür korrigiert wird, ist es für ihn unmöglich zu begreifen, dass dieses Verhalten unerwünscht ist.
Wenn Sie also den Raum verlassen möchten, nehmen Sie den jungen Hund entweder mit oder „parken" ihn kurz in der Box.

AUFDRINGLICHES VERHALTEN IM HAUS

Die Bedeutung der Erziehung des Hundes in den eigenen vier Wänden kann nicht oft genug betont werden. Allein die Tatsache, dass man hier die meiste Zeit mit dem Hund verbringt, ist ausreichender Grund dafür, dass man den häuslichen Bereich auf keinen Fall zur „erziehungsfreien Zone" erklären kann und sich gleichzeitig darüber wundern, dass der Hund in den Stunden des Tages, die er mit seinem Menschen draußen ist, nicht so folgt, wie man es sich wünscht. Erfährt der Hund innerhalb von Haus und Wohnung keinerlei oder nur sehr geringe Einschränkungen, ist ein Erziehungserfolg insgesamt unwahrscheinlich. Bitte vergegenwärtigen Sie sich immer, dass Erziehung etwas Ganzheitliches ist. Sicherlich kämen Sie bei Ihren Kindern nie auf den Gedanken, zu Hause auf jegliche Einhaltung von Regeln zu verzichten, in der Überzeugung, dass die in Kindergarten und Schule stattfindende Erziehung ausreichend sei, um aus Kindern gesellschaftsfähige Erwachsene zu machen. Ein absurder Gedanke!
Sowohl der Welpe als auch der junge und der bereits ausgewachsene Hund können und sollten dringend lernen, dass sie nicht ständig im Mittelpunkt stehen können und dass es Momente gibt, in denen man sich ruhig und unaufdringlich verhalten muss. Erziehung, die im Haus dieses Ziel anstrebt, hat nicht nur zur Folge, dass man beispielsweise jederzeit problemlos Gäste empfangen, in Ruhe Mahlzeiten einnehmen sowie bellfreudige Hunde in ihrem Eifer auf ein erträgliches Maß dämpfen kann. Regulative Maßnahmen im Haus, die dem Hund konsequent deutlich machen, dass es auch langweilige Zeiten zu ertragen gilt und der Mensch der bestimmende Part des Rudels ist, sind der Schlüssel zu einem folgsamen Hund auch außerhalb des häuslichen Bereiches.

Die Box ist gleichzeitig Rückzugsort und Erziehungshilfe.

AUF DEN PLATZ SCHICKEN

Zur Praxis: Sie benötigen zunächst den erwähnten Haken an der Wand mit einer Leine daran. Die dafür gewählte Stelle sollte leicht zugänglich und in Ihrem Sichtbereich sein. Es sollte sich dort außerdem eine Decke für den Hund befinden. Der Hund trägt sein Halsband und die Hausleine. Zunächst üben Sie ohne Ablenkung mehrfach am Tag. Sie benötigen ein klar identifizierbares Hörzeichen, das nur in dieser Situation angewendet wird, z. B. „Decke“. Gleichzeitig zum Hörzeichen setzen Sie ein deutliches Sichtzeichen in Richtung Decke ein. Lernziel ist, dass der Hund auf das erste Hörzeichen hin zur Decke geht, sich dort niederlässt und erst wieder aufsteht, wenn er ein Aufhebungszeichen wie „Lauf“ erhält. Das ist sehr anspruchsvoll. Bei dieser Erziehungsmaßnahme können sich jede Menge Fehler einschleichen wie z. B. folgende: Der Hund erhält das Hörzeichen mehrere Male hintereinander und ignoriert es, er kehrt auf halbem Weg zur Decke um und geht seiner Wege, er denkt nicht daran, auf der Decke zu bleiben usw. All diese Fehlerquellen gilt es von Anfang an zu vermeiden, da jedes vergebliche Hörzeichen, wie Sie bereits wissen, erfolgreiche Hundeerziehung auf das Gravierendste beeinträchtigt.

Üben Sie mit dem Hund, wenn er sich ohnehin gerade in Ihrer Nähe befindet und Sie so bereits seine Aufmerksamkeit haben. Sprechen Sie ihn mit seinem Namen an, geben Sie einmalig Hör- und Sichtzeichen für „Decke“, fassen Sie ihn an der Hausleine und führen Sie ihn zu seinem Platz. Warten Sie keinesfalls darauf, dass der Hund ohne Ihr Zutun zur Decke geht. Gehen Sie zunächst davon aus, dass er nicht weiß, was von ihm verlangt wird und er daher lernen muss, was mit diesem Hörzeichen gemeint ist. Schnelligkeit ist in dieser Phase sehr wichtig. Optimalerweise erfolgen Hörzeichen und das Führen des Hundes

01

02

zum entsprechenden Platz gleichzeitig und mit schnellem Schritt. Sind Sie an der Decke angekommen, so sollten Sie dem Hund für die ersten Übungstage dort mehrere Leckerchen geben. Für die ersten Übungseinheiten sollten Sie sehr großzügig sein: Füttern Sie immer mehrere Leckerchen hintereinander und lassen Sie den Hund dann mit „Lauf" aufstehen. Beim Welpen steigern Sie nun die Verweildauer langsam auf einige Minuten im Laufe der nächsten Monate.
Der erwachsene Hund kann von Anfang an lernen, sich erst von der Decke zu entfernen,wenn Sie ihm das Freizeichen geben. Nun kommt die Leine am Haken, die Sie am Halsband befestigen, zum Einsatz. Ein weiteres Hörzeichen ist nicht erforderlich. Der Hund soll auf seinem Platz bleiben; ob er dabei zunächst sitzt, liegt oder steht, spielt keine Rolle. Ein weiteres Hörzeichen, wie etwa „Platz", müsste konsequent kontrolliert und durchgesetzt werden, was die Übung unnötigerweise für Mensch und Hund erschweren würde. Da der Hund am Haken befestigt ist, kann er sich ohnehin der Aufforderung, auf dem Platz zu bleiben, nicht entziehen. Sobald Sie den Hund befestigt haben, entfernen Sie sich ohne Worte. Bleiben Sie in Sichtnähe, ignorieren den Hund dabei jedoch vollständig. Zunächst reichen wenige Minuten ruhigen Verweilens am Platz aus; mit der Zeit können Sie das Verbleiben am Platz auf 20 bis 30 Minuten ausdehnen. Bei Welpen müssen Sie diese Zeitspanne natürlich deutlich reduzieren.
Machen Sie nicht den Fehler, den Hund abzuhaken, wenn er sich unruhig verhält, also z. B. winselt, bellt o. Ä. Der Hund wird die Zuwendung beim Losbinden und die zurückgewonnene Bewegungsfreiheit als Belohnung empfinden. Daher sollte er immer nur dann von seiner Decke entlassen werden, wenn er sich gerade ruhig verhält, sei es auch nur für wenige Sekunden, die dann genau vom Menschen abgepasst werden müssen. Ein Vierbeiner, der hier regelmäßig im falschen Moment losgebunden wird, ist auf dem besten Weg zum Haustyrannen.
Gehen Sie also im passenden Augenblick ruhig auf den Hund zu, lösen Sie die Leine, halten Sie ihn aber noch einen Moment länger am Halsband fest. Das erlösende „Lauf" schließlich geben Sie, wenn der Hund ruhig bleibt. Sollte er völlig außer sich geraten, ohne sich zu beruhigen, sobald Sie ihn am Halsband fassen, haken Sie die Leine wieder ein und gehen wortlos ein paar Schritte weg. Vermeiden Sie dabei Blickkontakt. Kurz darauf versuchen Sie es erneut.

03

04

01 Geben Sie Hör- und Sichtzeichen für die Decke ...

02 ... und führen Sie den Hund möglichst gleichzeitig dort hin.

03 Ganz gleich, wie lange der Hund schon auf seiner Decke bleiben kann: gehen Sie nicht auf Jammern oder Bellen ein.

04 Er darf erst aufstehen, wenn er sich ruhig verhält.

Fernziel ist es, den Hund jederzeit auf seinen Platz schicken zu können, ohne ihn dorthin zu führen und ohne ihn anzubinden; außerdem soll er dort so lange bleiben, bis er das Hörzeichen „Lauf" erhält. Dies erfordert sehr viel Ausdauer und ist mit zwei- bis dreimaligem Üben pro Woche nicht zu erreichen. Gehen Sie davon aus, dass bei mehrfachem Üben am Tag, selbstverständlich abhängig von Hundetemperament und -alter, mit mindestens zwei bis drei Monaten zu rechnen ist, und verzagen Sie nicht, wenn es ausgerechnet bei Ihrem Hund trotz eifrigen Übens länger dauert. Diese Erziehungsmaßnahme ist von so hohem direktem als auch indirektem Nutzen (denken Sie immer an Ihren Wunsch nach einem Hund, der auch draußen zuverlässig folgt), dass sich der Aufwand in jedem Fall lohnt.

Zur nächsten Phase dieser Erziehungsübung können Sie übergehen, sobald Sie feststellen, dass der Hund nicht mehr angefasst werden muss, sondern sich auf einmaliges Hörzeichen „Decke" sofort und freiwillig auf seinen Platz begibt.

Erst dann können Sie probeweise darauf verzichten, den Hund anzubinden. Beobachten Sie ihn jedoch genau. Unangeleint wird er mit hoher Wahrscheinlichkeit nach kurzer Zeit der Meinung sein, er könne seinen Platz unaufgefordert verlassen. Tut er dies, so gehen Sie schnellen Schrittes und mit einem energischem „Nein" auf den Hund zu und schicken ihn erneut auf seine Decke mit dem bekannten Hörzeichen. Sollte er dabei unruhig oder unwillig reagieren, bringen Sie sofort die Leine wieder zum Einsatz und haken den Hund erneut an. Verzichtet man zu früh darauf, den Hund nochmals anzubinden, so ist die Gefahr groß, dass er das „Nein" seines Menschen als Kommentar zu dem unerlaubten Entfernen ignorieren lernt. Dies ist eine äußerst sensible Phase. Viele Hundebesitzer sind so begeistert davon, dass ihr Hund freiwillig auf seinen Platz geht, dass sie gar nicht mehr wahrnehmen, dass er diesen selbstständig nach kurzer Zeit wieder verlässt oder dass gar mehrere Aufforderungen vonseiten des Menschen notwendig sind, um den Hund dazu zu bewegen, erneut seinen Platz aufzusuchen und dort auch zu bleiben.

Der Haken an der Wand wird jedoch erst dann überflüssig, wenn der Hund beim selbstständigem Aufheben des Hörzeichens „Decke" auf das erste Korrekturwort des Menschen schnell dorthin zurückgeht und so lange verbleibt, bis er das Hörzeichen „Lauf" erhält.

Der entscheidende Vorteil dieser Prozedur mit Leine und Haken ist, dass Sie das Hörzeichen „Decke" jederzeit durchsetzen können, der Hund also gar keine Gelegenheit bekommt zu lernen, dass man auch nicht hören kann. Egal, ob es gerade an der Tür klingelt, ob Sie Gäste haben oder eventuell nur in Ruhe essen wollen, dank der Hausleine können Sie den Hund greifen, wann immer es nötig ist und Ihr Hörzeichen durchsetzen. Der Haken ermöglicht es Ihnen, das Verbleiben des Hundes auf seinem Platz bereits von Anfang an in den schwierigsten Situationen durchzusetzen und einzuüben.

Selbstverständlich sollten Sie jeden Tag mehrmals einige Minuten zur Übung verwenden, doch genauso wichtig ist die Integration dieser Maßnahme in Realsituationen von Anfang an. In welchen Situationen des Alltags empfiehlt sich nun der Einsatz? Prinzipiell sind die täglichen Mahlzeiten ein guter Einsatz- und Übungsort, da es zum einen sinnvoll ist, vom Hund beim Essen Individualdistanz zu fordern, und zum anderen durch die regelmäßige Wiederkehr dieses Rituals ausreichende Übungsmöglichkeiten gegeben sind. Daneben ist der Einsatz generell zu empfehlen,

Auch „lautstarkes" Beobachten lässt sich abbrechen, indem man den Hund auf seinen Platz schickt.

Nur nach intensivem Üben lässt sich ein Hund auf die Decke schicken und bleibt dort, bis das Hörzeichen aufgehoben wird.

um aufdringliches Verhalten abzubrechen und zu korrigieren. Hierbei kann es sich darum handeln, dass der Hund Gästen oder bestimmten Familienmitgliedern gegenüber übertrieben aufdringlich ist, es nicht unterlässt, am Menschen hochzuspringen o. Ä. oder prinzipiell nicht geneigt ist zu akzeptieren, dass man sich, insbesondere bei der Anwesenheit von Besuch, nicht mit ihm beschäftigt.

Das Repertoire, das Hunde hier mitunter aufbieten, um Aufmerksamkeit zu erheischen, ist äußerst vielfältig und mitunter sogar sehr komisch. Jack-Russell-Terrier Rudi räumte während des Erstgesprächs mit seinen Besitzern in deren Haus sämtliche Nippes-Gegenstände von den Fensterbänken und gab ihnen einen neuen Platz, manchen gar ein neues Aussehen, so sehr empörte ihn, dass er gerade nicht Mittelpunkt des Interesses war. Zu Beginn des Gesprächs hatten wir die Besitzer gebeten, es uns gleichzutun und den Hund völlig zu ignorieren. Sie berichteten uns, dass das Verhalten Rudis bei Besuch durchaus typisch sei und dass er gewöhnlich dafür auch den gebührenden Applaus bekam, was das Verhalten natürlich verstärkt hatte. Es war in der Tat äußerst komisch anzuschauen, wie der kleine Kerl keine noch so akrobatische Verrenkung unversucht ließ, um der Gegenstände auf den Fensterbänken habhaft zu werden.

Störendes Verhalten beim Empfang von Gästen ist keinesfalls immer so spektakulär und bedarf trotzdem der Kanalisierung durch die oben genannten Maßnahmen. Somit kann Fehlverhalten korrigiert werden, es kann aber auch mithilfe des beschriebenen Weges dafür gesorgt werden, dass Fehlverhalten erst gar nicht entsteht. Es soll nicht darum gehen, den Hund auszuschließen, sobald Besuch kommt. Daher halten wir auch ein generelles Wegsperren des Hundes in entsprechenden Situationen für den falschen Weg. Doch es sollte ohne schlechtes Gewissen möglich sein, zu aufdringliches Begrüßen zu unterbinden und dem Hund nicht zu gestatten, durch aufmerksamkeitsheischendes Verhalten dem Menschen die Freude daran zu nehmen, Gäste zu haben.

Auch bei einem Hund, der sich recht normal verhält und keineswegs auffällig darauf aus ist, Mittelpunkt zu sein, ist es eine gute Erziehungsübung, regelmäßig darauf zu bestehen, dass er sich – auch wenn Besuch im Haus ist – für eine bestimmte Zeit auf seinen Platz trollt.

Wir sind der Meinung, dass es sich hier um eine gangbare und sinnvolle Erziehungsmaßnahme handelt, die den Menschen als bestimmend in der Mensch-Hund-Beziehung ausweist und kurz- sowie mittel- und langfristig positive Auswirkungen direkter und indirekter Art auf den Erziehungsstand hat.

Wenn „Geh weg" im ernsten Tonfall nicht klappt …

… nehmen Sie die Hausleine zu Hilfe …

DAS WELPENSPINNEN

Das, was hier als Welpenspinnen bezeichnet wird, befällt durchaus auch Junghunde. Da es sich in der Regel um ein recht harmloses Verhalten handelt, bei dem es zunächst einmal nur darum geht, das Mobiliar vor Zerstörung zu bewahren, kann zunächst eine Umlenkung in objektbezogenes Spiel versucht werden. Greifen Sie ein Spielzeug, machen Sie den Hund darauf aufmerksam und locken Sie ihn an einen Ort, wo möglichst nichts zu Bruch gehen kann. Dort geben Sie ihm die Möglichkeit, sich abzureagieren.

Reagiert Ihr Hund jedoch nicht auf Ihr Spielangebot und müssen Sie ernsthaft um Ihre Wohnungseinrichtung fürchten, so kann Ihnen auch hier die Hausleine gute Dienste leisten. Sobald er einen seiner „Anfälle" bekommt, fassen Sie die Leine, setzen sich bequem in einen Sessel und stellen den Fuß auf die Leine. Ignorieren Sie Jammern und Geschrei. Hat sich der Hund beruhigt, nehmen Sie den Fuß von der Leine, bleiben aber noch eine Weile sitzen. Haben Sie das Gefühl, der Hund hat sich völlig beruhigt, lassen Sie die Leine fallen und gehen wortlos weg. So lässt sich innerhalb von maximal zwei Wochen (bei täglichem Üben!) eine deutliche Besserung des Verhaltens erzielen, sofern Sie die Übung erst dann abbrechen, wenn der Hund ruhig und entspannt ist. Brechen Sie hier zu früh ab, belohnen Sie hingegen sein unruhiges Verhalten. Er wird dann lernen, dass ihn dieses Verhalten zum erwünschten Ergebnis führt, und es immer dann einsetzen, wenn ihm etwas nicht passt.

„GEH WEG"

Eine weitere alltagstaugliche Übung besteht darin, dem Hund beizubringen, dass er auf ein entsprechendes Hörzeichen weggehen soll. Hierbei kommt es nicht darauf an, dass er seinen Platz aufsucht. Auch reicht es aus, wenn der Hund eine Individualdistanz von ein bis zwei Metern auf unaufdringliche Weise einhält. Wie immer gilt: erst ohne Ablenkung üben. Warten Sie eine Situation ab, in der der Hund etwas von Ihnen möchte. Keinesfalls sollte er sich in den ersten Wochen des Übens hierbei in größerer

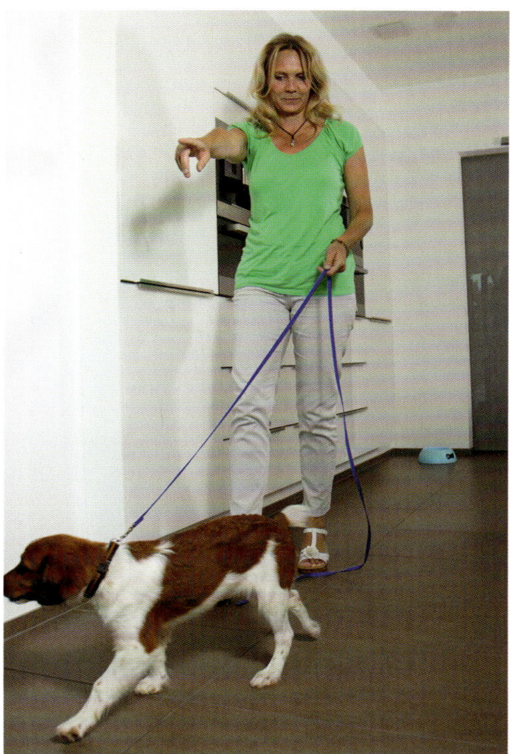

... und machen einen Schritt auf den Hund zu.

Aufregung befinden, wie es beispielsweise vor den Fütterungszeiten der Fall ist. Dies würde das Ganze unnötig erschweren und ein Misserfolg wäre vorprogrammiert. Optimal geeignet sind hier zunächst solche Situationen, in denen der Hund einfach nur mal so vorbeischaut, um sich eine kleine Streicheleinheit abzuholen. Schauen Sie ihm nun streng in die Augen und sagen ein tiefes, ernst gemeintes „Geh weg". Wichtig hierbei ist, dass dem Hund durch Ihren Tonfall der Ernst der Sache klar wird. Das heißt, wenn Sie „Geh weg" sagen, obwohl Sie „Bleib und schmus mit mir" meinen, wird Ihr Hund das erkennen.

Sollte er nicht auf Ihr Hörzeichen reagieren, so machen Sie einen energischen Schritt auf ihn zu, sodass er Ihnen ausweichen muss. Stellt er sich völlig stur, so üben Sie dieses Hörzeichen nur mit der Hausleine, damit der Hund wenigstens ein kleines Stück von Ihnen weichen muss, während Sie dazu die Leine zur Hilfe nehmen. Bitte beachten Sie, dass diese Übung bei den geringsten Aggressionsproblemen mit dem Hund keinesfalls angewandt werden darf.

BELLFREUDIGE HUNDE

Alle beschriebenen Übungen sind sehr gut geeignet, um das Bellen im Haus in Ihrer Anwesenheit auf ein erträgliches Maß zu reduzieren. Sie werden in der Lage sein, den Hund, sobald er „gemeldet" hat, was zu akzeptieren ist, auf seinen Platz zu schicken, sofern er sich nicht beruhigt. Diese Reglementierung wird seinen Belleifer dämpfen. Einiges weist darauf hin, dass die Bellfreudigkeit einiger Hundetypen in erster Linie angeboren ist, oft steht sie jedoch auch in direkter Beziehung zur Aufgeregtheit und Nervosität des Besitzers. Es gibt sogar Verhaltensforscher, die der Meinung sind, ein bellfreudiger Hund könne dieses Verhalten nur sehr schwer bis gar nicht unterdrücken. Die Erziehung zum kontrollierten Verhalten im Haus wird Ihnen eine große Hilfe sein, das Bellen Ihres Hundes ohne Starkzwangmittel auf ein erträgliches Maß zurückzuschrauben. Was das übermäßige Bellen von Hunden bei Abwesenheit ihrer Besitzer betrifft, handelt es sich hier oft um Bellen aus Angst, Verzweiflung oder Langeweile. Dieses Verhalten bedarf einer ganzheitlichen Behandlung durch eine entsprechende Verhaltenstherapie und/oder Haltungsänderung. Die genaue individuelle Ursachenforschung, die hier betrieben werden muss, sollte in Zusammenarbeit mit einem kompetenten Mitarbeiter einer Hundeschule vorgenommen werden, da der Hundehalter ohne entsprechende Kenntnisse überfordert ist.

ERZIEHUNG IN DEN ALLTAG EINBINDEN

Ziel der vorangegangenen Kapitel war, die Bedeutung der Erziehung des Hundes im Hausstand aufzuzeigen und deutlich zu machen, dass die genannten Punkte im Grunde genommen die wesentliche Voraussetzung dafür sind, den Hund auf den richtigen Weg zu bringen. Bei aufmerksamem Lesen dürfte klargeworden sein, dass der Wunsch „Er soll ja nur kommen, wenn ich ihn rufe" ein utopischer ist, sofern man nicht bereit ist, Erziehung in den Alltag zu integrieren. Gleichzeitig helfen die beschriebenen Strukturierungsmaßnahmen bei der Behebung von vielen Alltagsproblemen, die das Zusammenleben mit dem Hund erschweren.

Sollte Ihnen das Beschriebene bei der Lösung Ihres „Problems" nicht weiterhelfen, so sollten Sie sich und Ihrem Hund fachliche Hilfe gönnen.

SOZIALKONTAKT
— mit anderen Hunden

01

KONTAKT MIT ANDEREN HUNDEN – EIN MUSS

Genauso wichtig wie der ausreichende Sozialkontakt zum Menschen ist der Kontakt zu anderen Hunden. Tun Sie etwas dafür! Sorgen Sie dafür, dass der heranwachsende und der erwachsene Hund möglichst oft mit anderen, wechselnden Hunden zusammentrifft. In jeder Stadt gibt es Hundetreffpunkte, oder suchen Sie eine gute Hundespielgruppe auf.
Am wichtigsten ist dies für den Welpen und Junghund. Mit der Herausnahme aus dem Familienrudel ist der innerartliche Sozialkontakt erst einmal abgebrochen worden. Der Welpe ist aber dringend darauf angewiesen, im Kontakt mit möglichst vielen anderen Hunden sein Sozialverhalten zu festigen, teilweise sogar noch zu erlernen. Insbesondere die Beißhemmung muss erlernt werden!
Vernachlässigen Sie dies, kann es passieren, dass Ihr Hund – je nach Veranlagung – aggressiv oder ängstlich auf andere Hunde reagiert. Hat sich dieses Verhalten erst einmal dauerhaft gefestigt, ist es nur sehr schwer oder überhaupt nicht wieder zu ändern.

01 – 02 Spielstunden, Sozialkontakte und ausgelassener Freilauf sind für Hunde aller Altersstufen wichtig.

03 – 04 Welpen und Junghunde festigen hier ihr Sozialverhalten, was im späteren Leben das Zusammentreffen mit anderen Hunden deutlich unkomplizierter macht.

02

03

04

DIE RICHTIGE SPIELSTUNDE

Achten Sie bei der Auswahl der passenden Spielstunden für Ihren Hund darauf, dass diese kompetent geleitet werden. Hunde sollen keineswegs „alles unter sich ausmachen", und es ist nicht in Ordnung, wenn z. B. ein fünf Monate alter Schäferhund auf einem neun Wochen alten Dackel herumsteigt. In solchen Fällen muss vom Spielleiter eingegriffen werden.

Ausreichend Auslauf, verschiedene Umweltreize und gemeinsame Beschäftigung festigen die Bindung zum Menschen und lasten den Hund aus.

AUSLAUF

Jeder Hund benötigt genügend täglichen Auslauf. Auch einen großen Garten kennt Ihr Hund nach kurzer Zeit auswendig. Er wird zwar mit Vergnügen seinen täglichen Kontrollgang machen, genügend Auslauf ist das aber auf keinen Fall. Neben der notwendigen körperlichen Bewegung sind für die Psyche unbedingt wechselnde Umweltreize nötig, damit er seelisch nicht verkümmert. Aggressivität, Nervosität, ständiges Bellen, Ungehorsam bis hin zur übertriebenen Körperpflege (Pfotenlecken, Pfotenknabbern etc.) können die Folge mangelnder Bewegung sein. Eine halbe Stunde Freilauf täglich reicht für keinen Hund!

WIE VIEL BEWEGUNG BRAUCHT DER WELPE?

Beim Welpen und Junghund müssen Sie darauf achten, ihn nicht zu überfordern. Hier eine Faustregel:

3. und 4. Monat
3- bis 4-mal täglich jeweils ca. 15 Minuten

5. bis 7. Monat
3- bis 4-mal täglich jeweils 20 bis 30 Minuten

8. und 9. Monat
2- bis 3-mal täglich jeweils 30 bis 45 Minuten

bis 12. Monat
langsam steigern bis 60 Minuten pro Spaziergang

ab 12. Monat
langsame Steigerung und vermehrtes Konditionstraining

BEWEGUNG IM ERSTEN LEBENSJAHR

Gehört Ihr Hund einer großen oder gar sehr großen Rasse an, müssen Sie die im Kasten angegebenen Zeiten eher noch verkürzen. Große Hunde wachsen langsamer als kleine, die Gefahr einer körperlichen Überfoderung ist hier noch eher gegeben. Bei kleinwüchsigeren Rassen hingegen können Sie einige Minuten länger spazieren gehen. Die größte Belastung tritt bei längerer, gleichförmiger Bewegung auf, z. B. wenn Sie lange flott geradeauslaufen und der Hund zum Dauertrab gezwungen wird. Auch wenn Ihnen diese Zeiten sehr kurz vorkommen und Ihr Hund wesentlich mehr anbietet, ohne erkennbar zu ermüden: Überschreiten Sie sie nicht! Gelenke, Bänder und Sehnen des Welpen und des Junghundes sind nicht auf mehr ausgelegt. Beachten Sie dies nicht, können bleibende Schäden die Folge sein.
Diese Zeiten beziehen sich auf einen Spaziergang, bei dem Ihr Hund gezwungen ist, mitzukommen. Ohne Schaden können Sie auf einer Wiese mit dem Hund spielen oder ihn mit anderen Hunden spielen lassen. Wichtig ist, dass der Welpe sich ausruhen kann. Wenn Sie das Gefühl haben, dass Ihr Welpe durch die oben beschriebenen Spaziergänge nicht ausgelastet ist, spielen Sie mit ihm.

SPAZIERENGEHEN UND STREUNEN, ZWINGER UND GARTEN

Auf keinen Fall dürfen Sie Ihren Hund völlig unbeaufsichtigt nach draußen lassen. Dies ist aus mehreren Gründen abzulehnen. Beginnen wir bei Ihrer momentanen Erziehungssituation. Sie möchten einen Hund, der Ihnen ein zuverlässiger Begleiter ist. Dabei ist die Interaktion mit dem Hund von großer Bedeutung. Ein Hund, der sich selbst überlassen wird, kann fast ausschließlich nur über großen Druck erzogen werden, der dem Tier gegenüber durch nichts gerechtfertigt ist. Und schon sind wir beim Zwinger- oder Gartenhund; der Unterschied zum eben beschriebenen Streuner liegt lediglich darin, dass der streunende Hund noch etwas anderes zu sehen bekommt als seine vier Zwingerwände. Der Zwingerhund wird zwar im Allgemeinen täglich spazieren geführt,

Das Entdecken neuer, unbekannter Dinge macht den Reiz des gemeinsamen Spaziergangs aus.

muss dafür aber auf den für ein Rudeltier so wichtigen Sozialkontakt verzichten, der bei solchen Hunden auf ein Minimum reduziert wird. Auch bei Zwinger- oder Gartenhunden muss in der Regel bei der Erziehung eine Härte angewendet werden, die dem Tier gegenüber unfair ist und daher abgelehnt werden muss.

Wozu dieser Vergleich? Tatsächlich hat sich in unserer Praxis gezeigt, dass sich sowohl Zwingerhunde als auch streunende Hunde bei der Erziehung unkooperativ verhalten, da sie häufig über eine mangelnde Bindung zu ihren Besitzern verfügen. Das Mittel der Wahl ist dann für viele die Roll-Leine oder das Stachelhalsband, was durch eine entsprechende Haltung des Hundes völlig überflüssig sein könnte. Der Verlust und die Einschränkung von sozialem Kontakt ist für den Hund fatal, und nicht immer sind die Folgen auf den ersten Blick sichtbar. Manche Tiere werden geradezu depressiv und verkümmern seelisch völlig. Andere geraten beim Anblick ihrer Besitzer vollkommen außer sich und sind kaum zu bändigen. Beim Spaziergang schließlich, froh über die Möglichkeit, sich zu bewegen, stürzen sie auf und davon, ohne sich nach ihren Menschen umzudrehen, sofern sie überhaupt ohne Leine geführt werden können.

Die Interaktion mit dem Menschen …

… und das Erforschen von Neuem fordern den Hund.

Ein weiteres Zeichen für seelische Deprivation aufgrund von Zwingerhaltung ist eine übertriebene, fast ängstliche Unterwürfigkeit, verbunden mit dem völligem Verlust von Selbstständigkeit. Übertriebene Aggression gegen alles Fremde ist hier ebenfalls zu nennen. Sicher, jeder kennt jemanden, der wiederum jemanden kennt, dessen Hund ständig im Zwinger oder Garten gehalten wurde und trotzdem nie Probleme gemacht hat und immer lieb und gehorsam war.

Dazu ist Folgendes zu sagen: Erstens gibt es immer Ausnahmen von der Regel. Dies spricht im beschriebenen Fall aber eher für die Hunde, nicht für deren Besitzer, und macht eine isolierte Haltung auch nicht besser. Außerdem besagt die Tatsache, dass der Hund keine Probleme gemacht hat, nicht unbedingt, dass er auch glücklich war. Des Weiteren kennen Zwingerhunde eben oft gar nichts anderes als ihren Käfig und bestenfalls noch einen eingezäunten Hundeplatz. Und was soll hier schon passieren? Probleme entstehen hier unter Umständen nur deshalb nicht, weil die Hunde kaum mit ihrer Umwelt konfrontiert werden (oder höchstens auf einem eingezäunten Gelände oder angeleint auf einem einsamen Feldweg). Natürlich ist dies auch eine Form der Problemvermeidung, die jedoch ganz eindeutig auf Kosten des Hundes geht.

Wir raten aus den genannten Gründen wirklich dringend jedem, der eine integrative Haltung nicht wünscht, davon ab, sich einen Hund anzuschaffen. Diese ist nicht hundegerecht und hat erzieherisch äußerst negative Konsequenzen. Auch bei einer integrativen Haltung sollte der Hund im Garten oder Hof nur kurze Zeit ohne Aufsicht sein. Ebenso sollten Sie Ihren Garten oder Hof ausbruchsicher gestalten, um unerwünschte „Ausflüge“ Ihres Hundes zu vermeiden.

VERKEHRSSICHERHEIT

Einer unserer Kunden klagte darüber, dass sein Hund nicht nach den Autos schaue, wenn er allein unterwegs sei, und versprach sich vom Besuch unserer Hundeschule die Lösung dieses Problems. Kommissar Rex lässt grüßen. Der Besitzer wollte den Hund nicht den ganzen Tag einsperren. Zeit für gemeinsame Spaziergänge hatte er nicht. Unsere Umwelt lässt es jedoch nicht zu, dem Hund Spaziergänge auf eigene Faust zu gestatten. Ganz abgesehen davon, dass ein Tier mit einer ordentlichen Bindung jeden gemeinsamen Spaziergang mit seinem Rudel ohnehin vorzieht.
Egal wie brav, lieb, harmlos usw. Ihr auch Hund sein mag, keinesfalls können Sie für Ihre Umwelt garantieren. Für den Hund ist Streunen lebensgefährlich. Darüber hinaus verletzt man bei einem eventuellen Unfall seine Aufsichtspflicht, der Versicherungsschutz erlischt in solchen Fällen. Will man dem Hund das zweifelhafte Vergnügen des Streunens gewähren, wird man mit der Erziehung keinen Erfolg haben, da hier Integration und Kontrolle grundlegende Voraussetzungen sind. Einmal ganz abgesehen davon, dass verantwortungsvolle Hundehaltung von vornherein ausschließt, dass der Hund Gefährdungen ausgesetzt wird. Der oben erwähnte Hund, der seine Spaziergänge allein machte, wurde einige Tage nach unserem Gespräch mit dem Besitzer von einem Auto angefahren und dabei so stark verletzt, dass er eine irreparable, vollständige Lähmung erlitt und kurz darauf eingeschläfert werden musste.

Unerlässlich für den mitfahrenden Hund: warten, bis das Signal zum Aussteigen gegeben wird.

AUTOFAHREN

Hier sind zunächst drei Aspekte von Bedeutung: die Gewöhnung des Hundes an das Autofahren, die Sicherheit sowie die Korrektur von unerwünschtem Verhalten im Auto.

GEWÖHNUNG ANS AUTOFAHREN

Die Gewöhnung ist im Allgemeinen mehr als einfach. Das Autofahren sollte so positiv wie möglich besetzt werden, d. h. es ist sinnvoll, mit dem Welpen zu Beginn möglichst jeden Tag kleine Strecken mit dem Auto zu fahren. Am Ende einer jeden Autofahrt sollte etwas Positives stehen, sprich ein kurzer Spaziergang. So lernen die meisten Hunde, gern Auto zu fahren, sich sogar auf das Fahren im Auto zu freuen.
Viele Welpenbesitzer transportieren den Hund oftmals zunächst nur ein einziges Mal im Auto, und zwar beim Abholen vom Züchter. Dies ist für den Hund ohnehin ein gravierender Einschnitt in seine bis dahin (hoffentlich) heile Welt, sein ganzes Weltbild bricht zusammen. Man kann ohne Weiteres sagen, dass er einen kleinen Schock verkraften muss. Das Erste, was ihm dann passiert, ist eine Autofahrt. Es wäre mehr als verwunderlich, wenn er diese Fahrt als positiv empfinden würde.
Völlig erstaunt stellen viele Besitzer fest, dass der Hund bei seiner zweiten Autofahrt, oftmals Wochen später, stark hechelt, sich übergibt oder überhaupt nicht in das Auto einsteigen will o. Ä. Auch in diesem Fall empfiehlt es sich, ab sofort täglich kurze Autofahrten mit dem Hund zu unternehmen, an deren Ende der Spaziergang steht. Wenn Sie Ihre täglichen Erziehungsspaziergänge (siehe Seite 90) wie empfohlen unternehmen, bekommen Sie automatisch einen Hund, der gern Auto fährt, und Sie schlagen zwei Fliegen mit einer Klappe.

SICHERHEIT

Die Sicherheit im Auto ist ein Punkt, der oft sehr leichtfertig behandelt wird. Viele Hunde werden auf der Rückbank völlig ungesichert transportiert und haben so bei einer Vollbremsung den direkten Weg durch die Windschutzscheibe. Tests eines Automobilclubs haben ergeben, dass die handelsüblichen Sicherheitsgitter für Kombifahrzeuge bei Unfällen einen unzureichenden Schutz bieten. Genauso schlecht schnitten die meisten Sicherheitsgurte für Hunde ab, die – so die Tests – bei entsprechender Belastung reißen und keineswegs mit Sicherheitsgurten für Menschen verglichen werden können. Achten Sie beim Kauf auf ein entsprechendes TÜV-Siegel. Der Gesetzgeber besteht darauf, dass der Hund im Auto gesichert sein muss, sonst wird ein Bußgeld fällig und es droht der Verlust des Kaskoschutzes. Bei allem Schutz für den Hund muss natürlich auch gewährleistet sein, dass man vom Hund ungestört Auto fahren kann.

UNERWÜNSCHTES VERHALTEN IM AUTO

Was das unerwünschte Verhalten, z. B. Bellen, Winseln, Unruhe, Überreaktionen auf Außenreize usw. im Auto angeht, so kann eine Transportbox sehr gute Dienste leisten. In „schweren" Fällen kann man zusätzlich eine Decke über die Box legen. So ist der Hund sozusagen von seiner Umwelt abgeschnitten, und Sie können in Ruhe Auto fahren. Dies hat sich besonders bei Vierbeinern bewährt, die während der Fahrt ständig bellen und dadurch die Konzentrationsfähigkeit des Fahrers stark gefährden. Eine etwas günstigere Variante ist das Abkleben der hinteren Scheiben mit dunkler Klebefolie. Ob dies ausreicht, um den Hund abzuschirmen, muss man ausprobieren.

KINDER UND HUNDE

Bitte lesen Sie dieses Kapitel auch, wenn in Ihrer Familie keine Kinder leben! Um ein ungetrübtes Kind-Hund-Verhältnis zu gewährleisten, müssen Sie als Hundebesitzer Folgendes beachten: Durch die sogenannte doppelte Prägung (auf Hunde und Menschen) betrachten Hunde sowohl Artgenossen als auch Menschen als Sozialpartner. Das bedeutet, sie übertragen ihr Sozialverhalten auf Menschen und damit natürlich auch auf Kinder.

WELPENSCHUTZ

Die meisten Hunde lassen sich von Babys und Kleinkindern erstaunlich viel gefallen: an den Ohren ziehen, zwicken, im Schlaf stören usw. Doch das bedeutet auf keinen Fall, dass der Hundebesitzer dies auch zulassen darf. Irgendwann kann es auch dem gutmütigsten Hund zu viel werden und er wird erst knurren und irgendwann einmal schnappen. Selbst wenn es als Drohschnappen gemeint war, kann er aus Versehen das Baby oder Kind einmal streifen. Schließlich können Kinder nicht so schnell ausweichen wie junge Hunde, das kann schlimm ausgehen.

Doch selbst, wenn dem Kind nichts passiert, hat man ab sofort ein ernsthaftes Problem: Ein Hund, der Kinder als nervige Plagegeister kennenlernen musste, wird nie wieder so kinderlieb wie zuvor. Das Einzige, was man dann noch tun kann, ist, den Hund von Kindern (von allen Kindern!) fernzuhalten oder eine aufwändige Verhaltenstherapie, die keineswegs immer erfolgreich verläuft, zu beginnen.

Wenn der Hund eines Tages zu dem Entschluss kommt, sich von dem Kind nichts mehr sagen oder gefallen zu lassen, kann seine Form der Zurechtweisung für das Kind sehr schmerzhaft ausfallen. Der Hund ist dann auf keinen Fall verhaltensgestört oder besonders aggressiv, er hat nur seinem Sozialverhalten gemäß reagiert. Selbst wenn es nicht so weit kommt, wird im besten Fall der Gehorsam des Hundes verwässert. Lernt er Hörzeichen, die von den Kindern gegeben werden, als für sich nicht verbindlich kennen, überträgt er dies auch auf seinen erwachsenen Besitzer, d. h. er nimmt die Hörzeichen nicht ernst oder testet ständig aus, ob er sie auch befolgen muss.

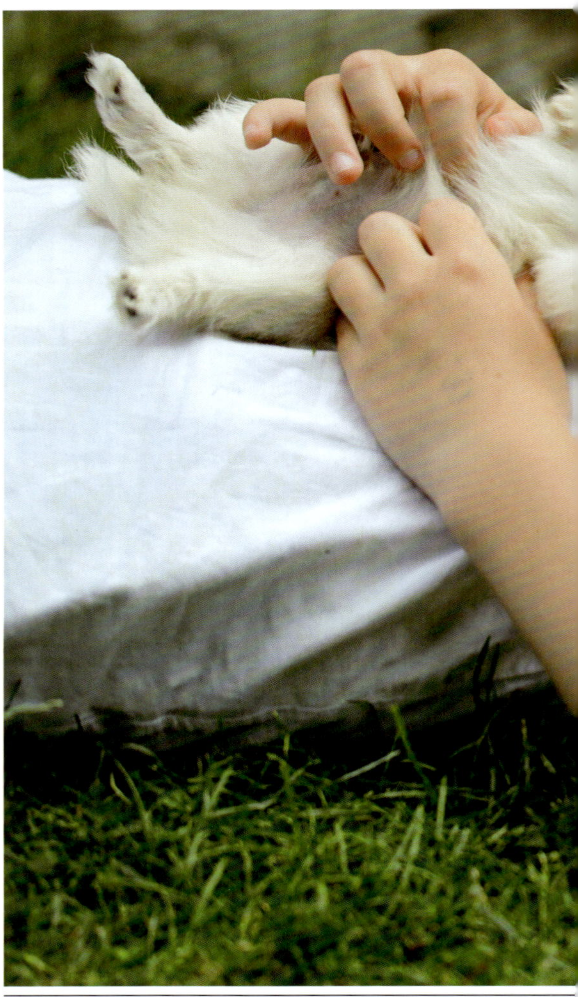

Eine besonders reizende Form des Miteinanders …

AUSNAHMEN BESTÄTIGEN DIE REGEL

Vielleicht kennen Sie ja einen Hund in der Familie, Nachbarschaft etc., der von scheinbar unendlicher Gutmütigkeit mit Kindern ist, sich jahrelang streicheln und spazieren führen ließ, ohne dass je etwas passierte. Solche Fälle gibt es natürlich. Aber sie sind keinesfalls die Regel, und niemand kann vorhersagen, ob Ihr Hund so gutmütig ist und vor allen Dingen auf Dauer bleibt. Auch die oft beschworene angebliche „Kinderliebe" bestimmter Rassen nützt hier nichts, wenn sich die Kinder nicht dem Sozialverhalten des Hundes angemessen verhalten.

KIND UND HUND NIE ALLEIN LASSEN

Selbstverständlich kann Ihr Hund mit Kindern spielen, schmusen, toben. Aber nicht mehr! Nie dürfen Sie Ihren Hund mit Kindern ohne Aufsicht lassen. Dazu zählt auch der Gang „mal eben um die Ecke". Es gibt aktuelle Gerichtsurteile, nach denen Eltern die Verletzung der Aufsichtspflicht vorgeworfen wurde, weil sie ein 14-jähriges Kind mit einem Hund allein spazieren gehen ließen. Wir können nur immer wieder davor warnen. Sie haben keinerlei Einfluss darauf, was während eines unbeaufsichtigten Spazierganges passieren kann. Was ist, wenn Ihr Kind auf einen

... von Kind und Hund, die aber auch von gegenseitigem Respekt zeugt – ein wichtiger Aspekt.

Unter Aufsicht können Kinder auch Spiele oder kleine Übungen mit Hunden machen.

Diese sollten aber möglichst dem entsprechen, …

… was die Eltern ebenfalls mit dem Hund üben.

streunenden Hund trifft, der eine Beißerei mit Ihrem Hund anfängt? Was ist, wenn sich Ihr Hund doch einmal losreißt und auf die Straße rennt? Was ist, wenn Nachbarskinder den Hund ärgern? Sicher sind Sie jetzt entsetzt, denn womöglich haben Sie den Hund für die Kinder gekauft und all die wohlmeinenden Ratschläge von Pädagogen im Ohr, die Hunde für die Entwicklung von Kindern als so wichtig ansehen. Dies ist sicher richtig, aber die meisten dieser Ratschläge berücksichtigen nur die Seite des Kindes. Ihr Hund und Ihre Kinder können weiterhin die besten Freunde bleiben, aber nur in den aufgezeigten Grenzen.

NECKEN VON KINDERN VERHINDERN

Insbesondere zu große körperliche Zärtlichkeiten seitens der Kinder stellt Hunde vor große Probleme. Ein durchaus aus Kindersicht liebevoll gemeintes Umarmen und festes Drücken ist für den Hund eine ernste Grenzüberschreitung, die er bestenfalls duldet. Keinesfalls ist es für ihn schön, auch wenn er erst einmal keine erkennbare Gegenwehr zeigt. Weiterhin können wir auch nur davor warnen, den Hund allein im Garten, Hof etc. laufen zu lassen, wenn das Grundstück von der Straße her eingesehen werden kann. Es ist schon sehr oft passiert, dass ein Hund kinderfeindlich wurde, weil er von Kindern über den Zaun geneckt worden ist. Bei sensiblen Tieren genügt schon ein einziger unangenehmer Vorfall!

KINDER UND HUNDE

- Hunde sind kein Spielzeug und für Kinder nicht automatisch die besten Freunde.
- Der Kind-Hund-Konflikt entsteht häufig aus dem kindtypischen Verhalten, Zuneigung auszudrücken: Das Kind umarmt, was es liebt, wohingegen der Hund diese Umarmungen i. d. R. nur duldet, aber nicht besonders schätzt.
- Älteren Kindern kann man dies durchaus erklären, bei kleineren Kindern empfiehlt sich eine Demonstration. Zeigen Sie Ihrem Kind am eigenen Leib, wie es sich anfühlt, ständig gedrückt, herumgetragen und gestört zu werden. Streicheln Sie es im Anschluss daran sanft, sodass es den Unterschied fühlen und damit lernen kann.
- Ärgern oder Befehle erteilen ist für Kinder tabu.
- Gehorsam gegenüber Kindern kann erst ab dem ca. 13./14. Lebensjahr des Kindes erwartet werden, und das auch nur bei kooperativen und sehr gut erzogenen Hunden unter Anleitung von erfahrenen Erwachsenen.
- Lassen Sie Ihren Hund nicht allein mit Kindern (auch nicht im Nebenraum, nicht im Garten und schon gar nicht auf der Straße).
- Lassen Sie Ihren Hund nicht allein im Garten, damit er nicht von fremden Kindern geärgert werden kann.

SOZIALE KOMMUNIKATION

— *Spielen und Erziehung*

WIE BEKOMME ICH EINEN KOOPERATIVEN HUND?

Ob sich ein Hund im täglichen Zusammenleben und bei der Erziehung kooperativ verhält und was man bei der Erziehung erreichen kann, hängt von mehreren Faktoren ab. Die Vermittlung der Basiserziehung ist nur ein einziger dieser Punkte. Möchten Sie den Bedürfnissen des Tieres gerecht werden, darf die Erziehungsarbeit zum Grundgehorsam keinesfalls die einzige Form der sozialen Kommunikation sein. So selbstverständlich dies auf den ersten Blick klingt, so oft sieht die Realität ganz anders aus: Hunde hocken den ganzen Tag im Garten, Zwinger u. Ä. herum und langweilen sich. Abwechslung und Beschäftigung fehlen völlig. Jedoch kann auch ein im Haus gehaltener Hund durchaus frustriert sein, da er nun mal das leckere Futter dreimal am Tag und den wunderbaren Schlafplatz nicht als Kommunikation, sondern wohl eher als eine Selbstverständlichkeit betrachtet.

SPIELEN FÖRDERT DIE BINDUNG

Zur sinnvollen sozialen Kommunikation zählt, als eine der wichtigsten Komponenten, das kontrollierte Spiel mit dem Hund. Beim kontrollierten Spiel lernt der Hund Sie als jemanden kennen, der Lustgefühle bereiten kann. Bei aller Notwendigkeit, den Hund konsequent, aber gewaltlos darauf hinzuweisen, dass er nicht Rudelführer sein kann, darf man nicht vergessen, dass Hunde auch sehr lustbetonte Wesen sind. Lernt der Hund als Welpe, dass es beispielsweise die Nachbarskinder sind, mit denen man so richtig „einen draufmachen" kann, wird er unter Umständen sein Leben lang versuchen, auszubüxen und zu den Nachbarn zu rennen, in der Hoffnung, die dort so angenehmen Erlebnisse mögen sich wiederholen. Ein Hund, der diese Erfahrungen hingegen mit seinen Menschen macht, wird eine wesentlich stärkere Fixierung auf seine Besitzer entwickeln. Wenn es Ihnen gelingt, sich durch entsprechendes Spiel für den Hund interessant zu machen, wird sein Bestreben, Sie auf gemeinsamen Spaziergängen stehen zu lassen, weitaus geringer sein, sofern Sie auch hier regelmäßig mit ihm spielen.

Sicherlich geht Ihnen das Herz auf, wenn Sie spielende Hunde beobachten können. Der Spaß steht den Vierbeinern förmlich ins Gesicht geschrieben. Gleichzeitig haben die meisten Besitzer die Erfahrung gemacht, dass es sehr schwer ist, den eigenen Hund erfolgreich zu sich zu rufen, wenn dieser ins Spiel vertieft ist. Doch auch Sie haben die Möglichkeit, sich durch entsprechende Spielangebote für den Hund interessant zu machen und ihn an sich zu binden.

Gemeinsames Spiel – der größte Spaß für viele Hunde

REGELMÄSSIG UND RICHTIG SPIELEN

Regelmäßiges Spiel erhöht Ihre Chancen beträchtlich, dass der Hund Ihnen zuliebe andere Spielkameraden links liegen lässt, wenn er gerufen wird. Keinesfalls sollten Sie Spiel jedoch mit dem bloßen Wegwerfen von Gegenständen verwechseln. Dies langweilt die meisten Hunde schnell. Spielen will gestaltet sein. Sehr viele Hunde lieben Beutespiele. Hierzu verwenden Sie am besten einen Ball an einer Schnur, der es Ihnen ermöglicht, auch dann weiterzuspielen, wenn der Hund das Spielzeug im Maul hält. Verwenden Sie weiches Gummispielzeug, denn viele Hunde hassen es geradezu, in hartes Gummi zu beißen. Gut geeignet sind Kongbälle aus weichem Gummi mit einer Schnur daran.

Am besten verwenden Sie Spielzeug aus weichem Material, z. B. Stoff oder weiches Gummi.

SPIELEN HEISST MEIST BEUTE MACHEN

Bewegen Sie dieses Spielzeug quietschend (die Quietschgeräusche machen Sie!) und schnell über den Boden vom Hund weg: Es stellt sich tot, wehrt sich wie ein echtes Beutetier. Die meisten Hunde sind hiervon begeistert. Berücksichtigen Sie beim Spielen auch die rassespezifischen Bedürfnisse Ihres Hundes, viele Jagdhunde lieben z. B. Suchspiele nach Leckerchen, Apportierspiele sind oft das Richtige für Retriever usw. (Lesetipps siehe Serviceteil). Zeit für Spiel sollte jeden Tag sein.

Geben Sie Ihrem Hund eine faire Chance.

KONTROLLIERT SPIELEN

Kontrolliertes Spiel bedeutet: Sie beginnen und beenden das Spiel. Das Lieblingsspielzeug halten Sie unter Verschluss. Der Hund erhält es nur gemeinsam mit Ihnen. Haben Sie Lust zum Spielen, holen Sie das Spielzeug hervor und laden den Hund ein. Sind Sie der Meinung, dass es nun ausreicht, beenden Sie das Spiel. Wenn Sie aufhören zu spielen, sollte der Hund immer noch motiviert sein, mitzumachen. Keinesfalls sollten Sie Ihr Spiel mit einem gelangweilten Hund beenden. Im Gegenteil, der Hund sollte noch ganz heiß darauf sein, und hierzu ist es optimal, wenn Sie das Spielzeug, bevor Sie es dann ganz abrupt wegstecken, noch einmal interessant für den

WARUM SPIELEN WICHTIG IST

Spielen erhöht nicht nur die Gehorsamsbereitschaft Ihres Hundes. Viele Hunde zeigen eine Anzahl unerwünschter Verhaltensweisen, weil sie völlig unterbeschäftigt sind. Gerade Besitzer von Hunden, die jagen bzw. hetzen – wobei es hier gleichgültig ist, was gejagt wird, ob Autos, Jogger usw. –, sollten ihren Hunden durch kontrolliertes, sinnvolles Spiel eine Ersatzbefriedigung bieten.

Wichtig ist, dass jeweils der Mensch das Spiel beginnt und beendet.

Hund machen, ohne dass er es erhält. Können Sie es nicht durchsetzen, Ihrem Hund das Spielzeug abzunehmen, so brechen Sie das Spiel dadurch ab, dass Sie ihn einfach ignorieren. Auch wenn er erneut Spiel anbietet, lassen Sie ihn links liegen. Sobald er das Spielzeug fallen lässt, schleichen Sie sich heran, greifen es schnell, machen es wieder interessant für den Hund, ohne es ihm zu geben und packen es dann weg. Ruhig übertreiben – Sie freuen sich sehr über das Spielzeug und albern noch mit ihm herum, während sie es wegräumen.

SPIELMOTIVATION ERHÖHEN

Eine sehr gute Möglichkeit, die Motivation des Hundes zu erhöhen, ist es, das Spielzeug auf dem Schrank zu verwahren. Ein- bis zweimal am Tag gehen Sie zum Schrank und machen den Hund stimmlich darauf aufmerksam, dass Sie dort gerade etwas ganz Tolles gefunden haben. Dann werfen Sie das Spielzeug ein paarmal in die Luft. Zeigen Sie Ihrem Hund: Sie finden das Spielzeug super!

SPIELEN BEIM TRAINING

Jede einzelne Trainingseinheit, die jedes Mal nur einige Minuten dauert, wird mit einem kurzen und fröhlichen Spiel beendet. Ihr Hund soll lernen, dass die Übungen mit Ihnen Spaß machen und immer mit Spiel enden. Toben Sie mit ihm herum, am besten in Verbindung mit einem Spielzeug, damit der Hund gar nicht erst in Versuchung kommt, mit Ihrer Kleidung, Ihren Händen etc. zu spielen.

RICHTIG SPIELEN – SCHRITT FÜR SCHRITT

Setzen Sie sich zunächst in ablenkungsfreier Umgebung zu Ihrem Hund auf den Boden. Das Spiel und Sie selbst sollen hier das Interessanteste sein. Hat der Hund dies erst einmal begriffen, wird er bald überall mit Ihnen spielen und all seine Aktionen Ihnen zuliebe unterbrechen.

SCHRITT 1

Nehmen Sie die Schnur des Spielzeugs in eine Hand und ziehen Sie sie vor der Nase des Hundes hin und her. Passen Sie Ihr Tempo dem Hund an. Der Hund sollte sich weder langweilen noch völlig chancenlos sein. Zusätzliche Geräusche mit der Stimme, die die „Beute" imitieren, dürfen keinesfalls fehlen. Ihrer Fantasie sind keine Grenzen gesetzt, versuchen Sie es mit hoher, freudiger Stimme, doch verzichten Sie auf Sprache im menschlichen Sinne.

Dann versuchen Sie es im Stehen. Beugen Sie sich zu Ihrem Hund hinunter und ziehen Sie das Spielzeug an der Schnur über den Boden. Beutegeräusche nicht vergessen! Zeigt der Hund Anzeichen, das Spielzeug ins Maul nehmen zu wollen, so lassen Sie das Spielzeug zunächst nicht los, sondern führen einen sanften Kampf mit dem Hund, indem Sie daran ziehen und die Beute imitieren,

Das Spielzeug sollte in den ersten Tage nicht von Ihnen geworfen werden.

die sich wehrt. Dies macht das Spielzeug für den Hund wesentlich interessanter, als wenn Sie es sofort fallen lassen und es damit in den Augen des Hundes „tot“ ist. Es empfiehlt sich, gemeinsam mit dem Hund einige Meter zu rennen, sobald er die Beute „gewonnen“ hat, bevor man sich niederlässt, um weiterzuspielen. Dies funktioniert am besten, wenn Sie dem Hund zuvor eine dünne Leine angelegt haben. So können Sie ihn kontrollieren, denn der Hund soll in diesem Stadium keinesfalls lernen, mit dem Spielzeug vor Ihnen wegzurennen. Außerdem lieben es Hunde im Allgemeinen, mit ihren Besitzern zu rennen. Ein weiterer Pluspunkt für Sie auf der Beliebtheitsskala Ihres Hundes.

Lassen Sie Ihren Hund hierbei während der ersten Tage (diese Zeitangabe gilt nur bei mehrmaligem Spiel am Tag) nach Möglichkeit gewinnen. Das heißt, Sie lassen das Spielzeug nach kurzem Hin und Her los, versuchen, den Hund durch Rufen erneut zu locken und beginnen das Spiel von neuem. Seien Sie aufmerksam, und es wird Ihnen leicht gelingen, dem Hund das Spielzeug ohne Hörzeichen (nur in den ersten Tagen!) zu „stehlen“. Ziehen Sie das Spielzeug wiederum über den Boden und imitieren Sie Beutegeräusche. Darauf folgt ein kurzes Beutespiel, der Hund gewinnt, Sie laufen eine kleine Runde mit ihm, ruhen kurz aus (nicht länger als einige Sekunden) und fordern erneut zum Spiel auf. Verzichten Sie in den ersten Tagen darauf, das Spielzeug wegzuwerfen. Die erste Lernerfahrung soll sein, dass das Spiel nur dann interessant ist, wenn das begehrte Objekt in Ihren Händen ist und nicht etwa dann, wenn es von Ihnen wegfliegt. All dies soll noch an einer dünnen Leine geschehen.

Ist die gewünschte Verknüpfung erfolgt (das merken Sie daran, dass Ihr Hund, nachdem Sie ihn haben gewinnen lassen, begeistert auf Sie zuläuft, sobald Sie durch freudiges Rufen erneut zum Spiel einladen), können Sie dazu übergehen, das Spielzeug wenige Meter weit von sich zu werfen. Nun können Sie versuchen, auf die Leine beim Spiel zu verzichten.

Es gibt Welpen, die einige Zeit benötigen, um weiter als zwei bis drei Meter sehen zu können. Sie verfolgen das Spielzeug deswegen nicht, weil sie nicht erkennen können, wohin es geflogen ist. Beschränken Sie keinesfalls das Spiel darauf, das Spielobjekt wegzuwerfen. Dies wird den Hund schnell langweilen. Bauen Sie es lediglich als Variante ein.

Ziehen Sie es über den Boden und machen Sie dabei möglichst „Beutegeräusche“.

Gemeinsames Spiel mit vollem Einsatz stärkt die Bindung um ein Vielfaches.

SCHRITT 2

Läuft Ihr Hund schon zuverlässig hinter dem Spielzeug her und lässt sich durch Ihr freudiges Rufen bewegen, zu Ihnen zurückzukommen, um weiterzuspielen, können Sie beginnen, das Hörzeichen „Aus“ einzuführen. Bitte beachten Sie: Dies ist bereits Schritt 2. Schritt 1 sollten Sie in keinem Fall überspringen. Denn der Hund muss zuerst den Lernschritt vollzogen haben, dass Spielen in Verbindung mit Ihnen äußerst lustvoll ist! Benutzen Sie ein Leckerchen, das Sie dem Hund direkt vor die Nase halten, sagen Sie deutlich „Aus“ und geben Sie dem Hund das Leckerchen in dem Moment, in dem er das Spielzeug fallen lässt. Sehr bewährt hat sich auch die Methode, ein zweites, äußerlich identisches Spielzeug aus der Tasche zu ziehen, damit scheinbar ein neues Spiel einzuleiten und in dem Moment „Aus“ zu verlangen, in dem der Hund sein Spielzeug fallen lässt. Hier muss das Timing stimmen, um eine Verknüpfung zu erreichen. Sagen Sie „Aus“, noch bevor das Spielzeug am Boden angekommen ist. Zwei Spielzeuge sind hierbei das Minimum! Nehmen Sie das am Boden liegende Spielzeug weg, stecken Sie es ein und spielen Sie mit dem zweiten, identischen weiter. Nun beginnen Sie, das Spiel zu erweitern, indem Sie mit dem Spielzeug in der Hand schnell vor dem Hund davonlaufen, es aber sichtbar für den Hund halten und die für den Hund nun schon bekannten Geräusche von

sich geben. Bleiben Sie abrupt stehen, ziehen Sie das Spielzeug mit Einsatz Ihrer Stimme möglichst schnell über den Boden. Nehmen Sie es wieder auf und rennen Sie erneut weg. Bleiben Sie stehen, halten Sie das Spielzeug auf Brusthöhe, sichtbar für den Hund. Verstecken Sie es hinter Ihrem Rücken und fordern Sie den Hund auf, es zu suchen. Machen Sie es ihm nicht zu leicht.

DIE DAUER DES SPIELS BESTIMMEN

Sie bestimmen, wann und wie lange gespielt wird! Entweder lässt Ihr Hund das Spielzeug von sich aus fallen, weil ihn das Spiel ohne Sie langweilt (dies tut er tatsächlich, wenn Sie schrittweise wie beschrieben vorgehen), oder er bringt Ihnen das Spielobjekt und fordert Sie auf, weiterzumachen. Haben Sie noch Lust und Zeit, so spielen Sie weiter, wenn nicht, brechen Sie das Spiel ab. Ist Ihr Hund erst einmal richtig „heiß" darauf geworden, mit Ihnen zu spielen, nutzen Sie dies auch aus.
Sie bestimmen, wann und wie lange gespielt wird. Um dem Hund keine falsche Vorstellung von Ihrer Mensch-Hund-Beziehung zu vermitteln, ist es wichtig, dass Sie letztlich alle Spiele gewinnen. Das bedeutet, Sie brechen das Spiel ab, wenn die Motivation des Hundes am höchsten ist, und behalten das Spielzeug unter Verschluss.

FANTASIEVOLL SPIELEN

Diese Spielvarianten sind kein Dogma, doch probieren Sie es aus, sofern Sie noch keine Erfahrung mit dem kontrollierten Erziehungs- und Belohnungsspiel haben. Fantasievollen Erweiterungen, die dem Hund nicht schaden, sind keinerlei Grenzen gesetzt. Ob Sie richtig mit dem Hund gespielt haben, merken Sie daran, dass Ihnen nach einigen Minuten die Puste ausgeht, dann sind Sie auf dem richtigen Weg!

DAS RICHTIGE SPIELZEUG

Zunächst einmal benötigen Sie ein Objekt, das das Interesse Ihres Hundes weckt. Vielleicht müssen Sie einiges ausprobieren, bis er auf den Geschmack kommt.
Werfen Sie keinesfalls gleich nach einigen Tagen das Handtuch, wenn er keine Reaktion auf Ihre Spielaufforderung zeigt. Sie bringen sich sonst um einen unersetzlichen Bindungsmultiplikator. Besorgen Sie weiches Gummispielzeug, am besten mit Schnur. Nehmen Sie es dem Hund weg, wenn er unbeaufsichtigt ist. Quietschendes Spielzeug ist verführerisch.

KONTAKTLIEGEN – SCHMUSEN

Der Mensch bestimmt die Schmuseeinheiten.

Auch das Schmusen mit dem Hund gehört zur sozialen Kommunikation. Das Kontaktliegen wird von vielen Hunden sehr geschätzt. Aus erzieherischen Gründen sollten Sie den Hund nicht auf das Sofa lassen, um dort mit ihm zu schmusen. Setzen Sie sich auf den Boden und schmusen Sie dort mit ihm. Sie sollten streng darauf achten, dass Sie den Hund dazu auffordern bzw. das Kontaktliegen auch abbrechen. Schicken Sie ihn weg, wenn Sie keine Lust mehr haben, oder stehen Sie einfach auf und gehen. Drängt er sich weiterhin auf und will den Abbruch nicht akzeptieren, so ignorieren Sie ihn völlig. Viele Hunde zwingen Ihre Besitzer zu ständigen Streicheleinheiten durch Aufdringlichkeit, Pföteln, Heranrücken usw. Interessanterweise sind dies sehr oft Hunde, die schlecht gehorchen. Trifft dies für Ihren Hund zu, ist das Kapitel „Hundeerziehung im Alltag" Pflichtlektüre (ab Seite 152).

GRUNDBEDÜRFNISSE – KEINE SOZIALE KOMMUNIKATION

— Qualitativ hochwertiges Futter ist selbstverständlich. Dankbarkeit oder Gehorsam vonseiten des Hundes darf man dafür nicht erwarten.

— Räumliche Nähe ist lediglich Voraussetzung für alles andere: vernünftige Erziehung, sozialer Austausch. Ein Hund, der die meiste Zeit des Tages allein, isoliert von seiner Hauptbezugsperson, leben muss, wird eine intensive Bindung schwerlich oder gar nicht entwickeln können. Zur isolierten Haltung zählt auch eine überwiegende oder ausschließliche Haltung im Garten. Hierbei ist es völlig unerheblich, wie groß und/oder schön der Garten oder Zwinger ist. Der Gehorsam eines solchen Hundes ist ohne abzulehnende Starkzwangmittel kaum zu erreichen.

— Der Spaziergang mit dem Hund, ob mit oder ohne Leine, wird vom Hund im Allgemeinen als angenehme und aufregende Abwechslung empfunden, die mit dem anderen Ende der Leine herzlich wenig zu tun hat. Der Hund ist nicht in der Lage, zu erkennen, dass Sie es sind, die ihm dieses angenehme Erlebnis verschaffen. Deswegen kann hierfür weder Gehorsam noch Dankbarkeit oder gar Zuneigung erwartet werden. Wir reden hier von einem Spaziergang, bei dem keine Spielaufforderung Ihrerseits oder vonseiten des Hundes erfolgt. Natürlich erfüllen auch diese täglichen Spaziergänge wichtige psychische und physische Bedürfnisse des Hundes und sind deshalb unerlässlich.

Einfach nur Bällchen werfen ist für viele Hunderassen deutlich zu wenig an Auslastung.

UNTERFORDERUNG

Oft entstehen Probleme mit dem Hund auch dann, wenn er scheinbar genügend Auslauf, Sozialkontakte, Erziehung etc. erhält. Ziehen an der Leine, Zerstörungswut, Hetzen von Joggern, Fahrradfahrern, Autos usw. haben ihre Ursache oft in der mangelnden Beschäftigung des Hundes. Haben Sie schon einmal daran gedacht, dass Ihr Hund einfach unterfordert ist? Dieses Problem entsteht oft bei Arbeits- und Gebrauchshunderassen (z. B. Jagdhunden, Hütehunden, Schlittenhunden), tritt jedoch auch bei so genannten Schoß- oder Begleithunderassen auf. Als extremes Beispiel sei hier der Border Collie genannt. Wird so ein Hund nur als Familienhund gehalten, sind die Probleme oft vorprogrammiert.

FALLBEISPIEL: EIN UNTERFORDERTER BORDER COLLIE NAMENS JORDY

Als Beispiel für einen unterforderten Hund kann hier der Border Collie Jordy angeführt werden. Jordy gehörte ehemaligen Kunden unserer Hundeschule und wurde ausschließlich im Garten gehalten, also ohne ausreichenden Sozialkontakt und ohne ausreichende Beschäftigung. Der Hund suchte sich daraufhin selbst eine Beschäftigung. Er verschwand immer öfter über den von den Besitzern kontinuierlich erhöhten Zaun und ging seine eigenen Wege. War er da, bellte er unaufhörlich. Schließlich wurde Jordy an Freunde abgegeben, die ihn nach einigen Tagen als aggressiv einstuften und im örtlichen Tierheim abgaben.

Agility ist eine der bekanntesten Hundesportarten und lastet Kopf und Körper aus.

Schließlich landete er bei uns. Der Border Collie fügte sich sofort problemlos im Haushalt ein, zeigte aber folgende Schwierigkeit: Beim Spazierengehen war kein Jogger, kein Fahrradfahrer, kein Auto vor ihm sicher. Aufgrund seiner enormen Schnelligkeit war er in Sekunden Hunderte von Metern weg, verbellte sein „Opfer" kurz, um genauso schnell zurückzukommen.
Neben der erforderlichen Basiserziehung, die Jordy erstaunlich schnell absolvierte, begannen wir zeitgleich mit Agility. Jordy war in seinem Element. Sein ausgeprägtes Hetzverhalten verringerte sich immer mehr. Nach einigen Wochen bereits trat es nur noch in Ausnahmesituationen auf. Sein Gehorsam und seine Bellhäufigkeit stehen dabei in direktem Zusammenhang mit seiner Beschäftigung. Kann einmal zwei bis drei Tage nicht mit ihm trainiert werden (Agility oder Kunststückchen), beginnt er wieder vermehrt zu bellen. Dauert die Trainingspause gar noch länger (z. B. durch Krankheit), hält er wieder Ausschau nach potenziellen Jagdopfern und man muss sehr auf der Hut sein, damit er nicht wieder „abflitzt".

HUNDE BRAUCHEN EINE AUFGABE

Jordy stellt sicher ein extremes Beispiel dar. Aber auch die meisten anderen Rassen wurden generationenlang gezüchtet, um eine Aufgabe zu erfüllen. Macht Ihr Hund Probleme, so müssen Sie selbstkritisch hinterfragen, ob seinen rassespezifischen Eigenarten in Form von Beschäftigung Rechnung

getragen wird. Viele Hunde benötigen zur inneren Ausgeglichenheit eine Aufgabe, nicht nur zur Bewegung (die natürlich auch ausreichend geboten werden sollte), sondern als „Training für den Kopf".

HUNDESPORT, TRICKS UND ABWECHSLUNGSREICHE SPAZIERGÄNGE

Hier gibt es viele Möglichkeiten. Für die Hundesportarten Agility, Flyball und Breitensport (auch Turnierhundesport genannt) eignen sich fast alle Hunderassen. Aber auch Kunststückchen und Suchspiele fordern den Hund, geistig zu arbeiten. Schlittenhunde oder Windhunde lieben es zu rennen, Jagdhunde benötigen Beuteersatzspiele (die auch die meisten anderen Hunde lieben) und/oder Suchspiele. Die Hütehundrassen sind im Allgemeinen sehr arbeitsfreudig und intelligent. Für sie sind Kunststückchen und Hundesport gut geeignet. Eine der wenigen Ausnahmen stellt die Gruppe der Herdenschutzhunde dar, die in der Regel nur schwer für Spiele zu begeistern sind. Abwechslung bei den Spaziergängen sollten Sie Ihrem Hund auf jeden Fall bieten. Gehen Sie nicht immer an den gleichen Orten spazieren oder gar immer auf demselben Weg. Sie werden merken, wie begeistert und neugierig Ihr Hund ist, wenn er einmal etwas anderes sehen und erschnuppern darf als die gewohnte Umgebung. Ebenfalls wichtig sind Spieltreffs mit anderen Hunden.

Dogdancing und Tricks machen vielen Hunden Spaß.

Apportieren ist die ursprüngliche Aufgabe vieler beliebter Hunderassen.

STOLPERFALLEN
— *im Hundetraining*

Manchmal ist es zum Verzweifeln. Nichts klappt! Aber warum? Hier finden Sie typische Stolperfallen im Hundetraining. Überprüfen Sie Ihr Training und starten Sie mit neuer Motivation.

1. KEIN STRUKTURIERTES TRAINING

Mal ruft man „Komm“, mal „Hier“ oder „Fiffiiii??“ oder der Schwierigkeitsgrad wird ständig willkürlich und unüberlegt gewechselt. Merksatz: Von leicht nach schwer – und Hörzeichen (und natürlich auch Sichtzeichen) müssen immer gleich sein.

2. ZU WENIG TRAINING

Eine einzelne Übung muss zuerst vom Hund verstanden werden (das geht meist recht schnell), dann mittels Übung und Bewegungslernen verinnerlicht, generalisiert und schließlich im besten Fall automatisiert werden. Das setzt Hunderte von gut aufeinander aufgebauten und erfolgreich absolvierten Wiederholungen voraus.

3. FALSCHE BELOHNUNG

Eine Belohnung ist nur eine Belohnung, wenn sie vom Hund auch als solche empfunden wird. Ein gut gemeintes Trockenfutterstück wird nicht als Belohnung empfunden werden, wenn der Hund satt ist. Tipp: Über Futter hinausdenken – Rennen, Spielen, zum Kumpel laufen dürfen, in den Bach dürfen und vieles mehr kann vom Hund als Belohnung empfunden werden. Ansonsten: Je nach Leistung soll es etwas Leckeres sein, bis hin zum Jackpot (Futterschälchen, Fleisch etc.).

4. ZU WENIG BELOHNUNG

Wenn man noch während der Lernphase die Belohnung drastisch reduziert, wird das gezeigte Verhalten immer schlechter werden. Hunde unterliegen wie alle Säugetiere den Lerngesetzen und handeln wirtschaftlich. Lohnt es sich oder lohnt es sich nicht? Bevor der Hund etwas Ihnen zuliebe tut, müssen Sie sich diese Liebe und diesen Respekt erst einmal verdienen. Es ist absolut unrealistisch, zu erwarten, dies sei bereits nach einigen Wochen der Fall. Oder – wenn man den Hund schon längere Zeit hat und er das unerwünschte Verhalten schon lange praktiziert hat – warum lieb gewonnene Gewohnheiten aufgeben?

01

02

03

04

01 Bevor eine Übung verinnerlicht, generalisiert und schließlich automatisiert wird …

02 … bedarf es einiger Hundert Wiederholungen.

03 Verwenden Sie immer die gleichen Sicht- und Hörzeichen und üben Sie von leicht nach schwer.

04 Der gemeinsame Lernerfolg motiviert und macht Spaß.

5. STRAFE

Strafe ist das Zufügen von Unangenehmen *nach* der Handlung = lernpsychologisch vollkommen falsch und sinnlos, der Hund wird nie begreifen, was Sie von ihm erwarten.

6. FALSCHE KORREKTUR

Korrektur sollte so wenig wie möglich, aber so viel wie nötig eingesetzt werden – und dann auch noch in der Art und Weise, wie sie für den jeweiligen Hund notwendig ist. Ein heikles Thema, das zuallererst voraussetzt, dass der Hund das Verlangte bereits verstanden hat, sie ein exzellentes Timing besitzen und in punkto Lern- und Hundeverhalten absolut fit sind.

01

7. ZU WENIG BESCHÄFTIGUNG

Gelangweilte und unterforderte Hunde neigen sehr schnell dazu, sich selbst Beschäftigungen zu suchen. Meist sind diese jedoch entweder nicht gesellschaftskompatibel oder der Inneneinrichtung wenig zuträglich. Auf Dauer: chronischer Stress mit allen Folgen – Krankheiten, Unruhe oder innere Resignation.

8. ZU WENIG BEWEGUNG

Neben geistiger Auslastung brauchen Hunde ausreichend Gelegenheit zur Bewegung – Laufen, Toben, Rennen, Schnuppern. Fehlt es, siehe Punkt 7. Kann nicht durch exzessives Bällchenwerfen ausgeglichen werden!

9. ZU WENIG SCHLAF/RUHE

Hunde brauchen ausreichend Gelegenheit zum Schlafen und Dösen (bis zu 20 Stunden täglich!). Wird dies dauerhaft eingeschränkt, siehe Punkt 7.

10. ZU VIEL DES GUTEN

Ständige Aufmerksamkeit, jedes Beachten jeder Regung des Hundes, zu viel Verwöhnen = Leistung umsonst (z. B. Aufmerksamkeit, Futter, Streicheln, Spiel) erzeugt Kronprinzen und -prinzessinnen, die sich dann natürlich ihrem Stand gemäß verhalten.

02

04

03

01 Rassen, denen die Bewegung „in den Genen" liegt, brauchen entsprechende Auslastung.

02 Geschicklichkeitsspiele, also Anstrengung für den Kopf, machen genauso müde, wie körperliche Bewegung.

03 Schlafen, Dösen und in Ruhe gelassen werden – das ist ebenfalls sehr wichtig für einen ausgeglichenen Hund (für Welpen ganz besonders).

04 Leckerchen suchen – Beschäftigung für die Nase – macht fast allen Hunden Spaß.

BESCHÄFTIGUNGSIDEEN FÜR JEDEN TAG

SUCHSPIELE

IM HAUS

Nehmen Sie das Lieblingsspielzeug Ihres Hundes und spielen Sie kurz mit ihm, bis er richtig „heiß" darauf ist. Dann wird er vor die Tür gesperrt. Verstecken Sie nun das Spielzeug. Wählen Sie zunächst ganz leichte Verstecke, damit der Hund sofort ein Erfolgserlebnis hat. Lassen Sie den Hund wieder herein und feuern Sie ihn mit den Worten „Such's, ja wo ist es denn!" o. Ä. an. Hat er es gefunden, spielen Sie wieder mit ihm. Je nach Temperament und Ausdauer des Hundes können Sie das Spiel öfter wiederholen und die Verstecke dabei immer anspruchsvoller gestalten. Hören Sie aber auf, bevor der Hund die Lust verliert. Alternativ kann man natürlich auch Leckerchen verstecken oder eine Leckerchenfährte legen, wenn Ihr Vierbeiner nicht spielen möchte.

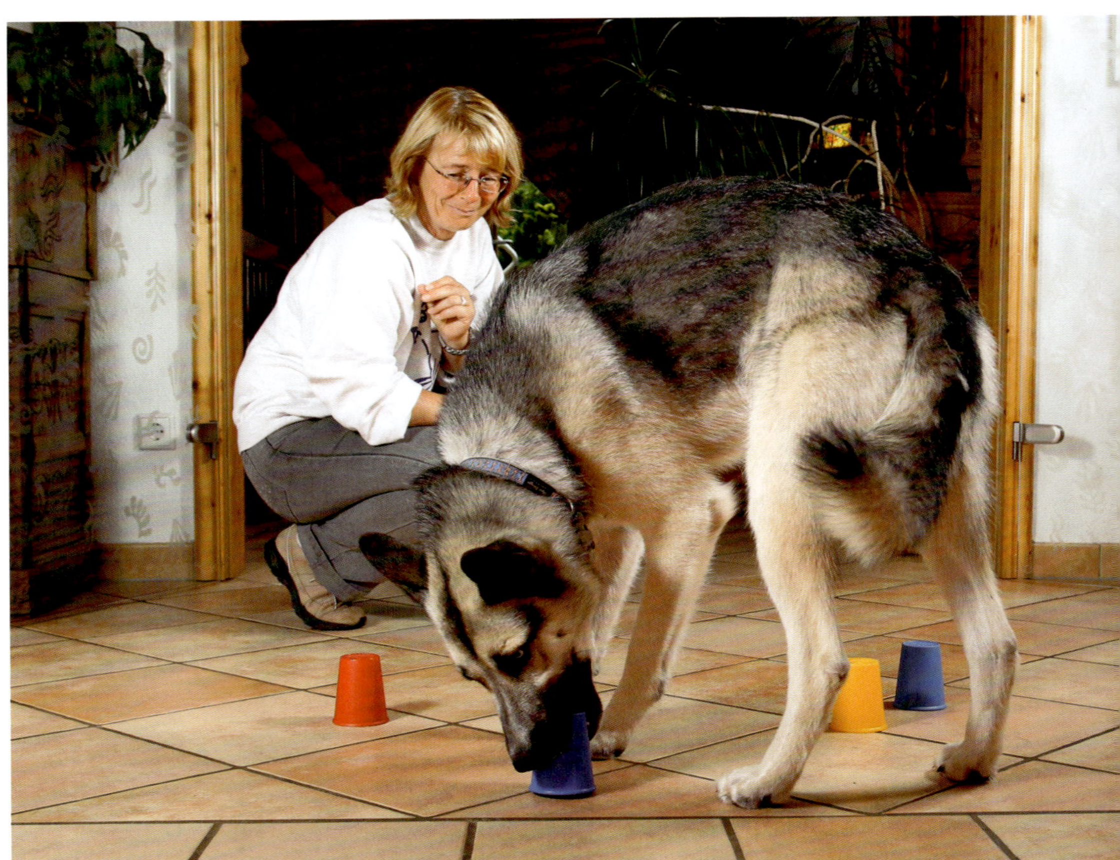

Jeder Hund hat seine eigene Methode, um ans versteckte Leckerchen zu kommen.

IM FREIEN

Werfen Sie als Erstes ein Leckerchen vor den Augen des Hundes ein bis zwei Meter entfernt ins Gras und feuern Sie ihn mit „Such" o. Ä. an. Sobald Ihr Hund etwas Übung im Suchen des Leckerchens entwickelt hat, können Sie den Schwierigkeitsgrad steigern: Sie werfen das Leckerchen weiter weg oder in trockenes Laub, hohes Gras, unters Gebüsch etc. Sie werden sehen, dass Ihr Hund mit Feuereifer dabei ist. Was spricht dagegen, ihn sich einen Teil seines Futters „erarbeiten" zu lassen?

BEUTESPIELE

Lassen Sie runde Leckerchen auf einem glatten Weg über den Boden kullern. Ihr Hund wird diese „Beute" mit Begeisterung fangen und vertilgen.

Gerade Futtersuchspiele stellen neben dem Spiel mit Spielzeug eine sehr gute Möglichkeit dar, den Hund auf sich zu fixieren und auszulasten. Die intensive Nasenarbeit bei diesen Suchspielen trägt bei mehreren kurzen Wiederholungen während der Spaziergänge sehr dazu bei, dass Ihr Hund körperlich und geistig ausgelastet wird.

Diese Spiele eignen sich auch sehr gut als Belohnung für ein erfolgreiches Herankommen. Ist Ihr Hund bei Ihnen angelangt, zeigen Sie ihm das Leckerchen und werfen es mit dem Hörzeichen „Such" ins Gras oder lassen es über den Weg kullern. Bei Hunden mit hohem jagdlichen Appetenz- oder Hetzverhalten sollten diese Spiele zu Ihrem täglichen Repertoire gehören. Gerade diese Hunde sollten sich ein Viertel oder mehr der täglichen Futterration auf den Spaziergängen „erarbeiten". Auch als Belohnung für ein tolles „Schau" sind diese Spiele geeignet.

Der Weg zum Jackpot führt über die Leckerchenspur …

… Sehr gut geeignet auch für draußen.

01

KUNSTSTÜCKCHEN

Die meisten Hunde haben einen Riesenspaß am Erlernen und Vorführen von Kunststückchen. Warum? Wahrscheinlich deswegen, weil sie einen so großen Erfolg damit haben. Hier ein paar Beispiele.

ROLLE

Zuerst lassen Sie Ihren Hund „Platz“ machen. Dann legen Sie ihn sanft auf die Seite. Den Kopf darf er oben lassen. Nun zeigen Sie ihm ein Leckerchen und führen es in einem Bogen von seiner Nase zu seinen Rippen hin. Er wird mit dem Kopf folgen, und wenn er sozusagen zu seinem Schwanz schaut, bekommt er das Leckerchen. Mit jeder Wiederholung führen Sie das Leckerchen immer weiter in Richtung Rücken, bevor er es bekommt. Manche Hunde rollen sich dann schon von allein weiter. Gehört Ihr Hund nicht dazu, üben Sie so lange, bis er dem Leckerchen willig folgt, und rollen ihn dann herum, indem Sie seine Beine in die Hand nehmen. Danach darf er sofort aufspringen. Sie loben ihn begeistert, und er bekommt noch ein Leckerchen.
An diesem Punkt können Sie ein Hand- und/oder Hörzeichen einführen. Sie geben das Zeichen und fangen mit der Übung an. Seien Sie geduldig. Es ist nicht nötig, dass der Hund gleich am ersten Tag die Rolle perfekt lernt, und schließlich geht es ja darum, ihn zu beschäftigen und nicht um Perfektion.

02

SICH SCHÄMEN

Bei „Schäm Dich" lernt der Hund, sich die Pfote auf die Nase zu halten, sodass es – aus menschlicher Warte – so aussieht, als sei er verlegen.
So können Sie es Ihrem Hund beibringen: Nehmen Sie eine längere, dicke Schnur zur Hand. Machen Sie in das eine Ende eine Schlaufe, die in etwa dem doppelten Umfang der Hundeschnauze entspricht. Nehmen Sie Leckerchen (und Clicker) zur Hand, um den Hund in Arbeitserwartungshaltung zu versetzen. Sobald der Hund Blickkontakt aufnimmt, legen Sie ihm die Schlaufe über die Schnauze. Berührt er mit der Pfote nun die Schnauze, um die Schlaufe loszuwerden, verstärken Sie mit Click und Leckerli. Es ist nicht wichtig, dass es dem Hund gelingt, die Schnur abzustreifen. Einfangen und belohnen wollen wir schließlich die Berührung der Pfote mit der Nase. Doch selbstverständlich macht es nichts, wenn der Hund so zielsicher mit der Pfote vorgeht, dass die Schlaufe abfällt. Bauen Sie die Übung dann erneut auf. Verbinden Sie die Bewegung der Pfote mit dem Hörsignal „Schäm Dich" und üben dies über einen gewissen Zeitraum mehrmals täglich. Haben Sie regelmäßig ein paar Mal am Tag über einen Zeitraum von etwa zwei bis drei Wochen geübt, können Sie versuchen, „Schäm Dich" ohne Hilfe der Schlaufe einzufordern. Denken Sie daran, einen Jackpot griffbereit zu haben, wenn es das erste Mal klappt!
Danach können Sie ausprobieren, in welcher Stellung, ob liegend, ob sitzend, der Hund seine Pfote auch einmal etwas länger an die Nase hält (zwei Sekunden sind für den Anfang ausreichend). Versuchen Sie dann schrittweise, die Zeitdauer zu erhöhen, bevor verstärkt und belohnt wird.

03

04

FAHRRADFAHREN

Fahrradfahren mit Hund ist für lauffreudige Vierbeiner natürlich eine gute körperliche Auslastung. Fangen Sie damit aber auf keinen Fall an, bevor der Hund ausgewachsen ist. Lassen Sie Ihren Hund vorher vom Tierarzt untersuchen. Am sichersten ist es, wenn Sie einen sogenannten Springerbügel (im Zoofachhandel erhältlich) benutzen.
Beginnen Sie mit kleinen Strecken und fahren Sie immer nur so schnell, dass der Hund bequem traben kann. Bei großer Hitze dürfen Sie selbstverständlich nicht fahren und auch sonst sind häufige Pausen notwendig. Bedenken Sie auch, dass Sie Ihren Hund nicht beispielsweise den Sommer über auf Tagesstrecken von 20 km trainieren können und dann erwarten, dass er sich im Winter mit kurzen Spaziergängen zufrieden gibt.

01 Die Rolle übt man zunächst, wenn der Hund seitlich liegt.

02 Weitere Kunststückchen, die allen Beteiligten Spaß machen: durch die Arme springen, …

03 … durch die Beine laufen …

04 … und über Füße oder Beine springen.

ANTIGIFTKÖDER-TRAINING

Die Giftköderwarnungen nehmen im unglaublichen Maße zu und nur selten gelingt es, die Schuldigen zu erwischen. Eine schnelle und einfache Lösung gibt es leider nicht. Als erste Maßnahme ist erst einmal zu empfehlen, dass man sich als Hundehalter in der Öffentlichkeit mit einem gut erzogenen Hund immer rücksichtsvoll verhält, damit nicht noch mehr Hundehasser „produziert" werden. Was kann man aber konkret mit dem eigenen Hund trainieren und ihn damit vor Giftködern schützen?

- Dem Hund beibringen, möglichst auf dem Weg zu bleiben (Seite 111: „Raus da")
- Den Basisgehorsam so zu erarbeiten, dass ein „Nein" (Seite 112) und ein Rückruf (siehe ab Seite 85) auch unter verlockender Ablenkung gelingen.

Diese Maßnahmen nutzen allerdings nur dann etwas, wenn man den Giftköder vor oder gleichzeitig mit dem Hund entdeckt. Eine weitere Möglichkeit besteht darin, den Hund durch einen Maulkorb zu schützen. Ein gut an den Maulkorb gewöhnter Hund hat keinen Stress damit, kann sogar spielen und sich ganz normal benehmen. Eine Maulkorbgewöhnung ist in der Regel schneller zu erreichen, als ein Antigiftködertraining, sodass wir immer dazu raten würden, den Hund an einen Maulkorb zu gewöhnen. So können Sie bei einer aktuellen Giftköderwarnung in Ihrer Nähe einen Maulkorb nutzen, um auf Nummer sicherzugehen und in Ruhe weiter trainieren (siehe rechts).
Noch schöner ist es, wenn der Hund von sich aus draußen nichts aufnimmt und es sogar anzeigt. Dies ist gut trainierbar, leider jedoch sehr zeitaufwändig, da man das Anzeigeverhalten auf viele verschiedene Möglichkeiten hin trainieren (Frikadellen, Brot, Müll etc.) sowie die Auffindeorte und -zeiten generalisieren muss.

GIFTKÖDER ANZEIGEN

LERNZIEL UND KURZANLEITUNG

Der Hund zeigt etwas Fressbares durch eine sogenannte Anzeige an. Das kann beispielsweise ein „Sitz" sein (empfohlen), aber auch ein „Platz", Vorstehen oder Rückverweisen.

SCHRITT 1

Binden Sie den Hund an oder lassen Sie ihn sitzen. Entfernen Sie sich einige Schritte von Ihrem Hund und stellen Sie den Napf mit einem leckeren Inhalt für den Hund sichtbar auf den Boden. Führen Sie Ihren Hund an der Leine bis ca. 1,5 Meter vor den Napf. Dann warten Sie! Sobald sich Ihr Hund auch nur ansatzweise zu Ihnen umwendet und für einen Sekundenbruchteil Augenkontakt hält, markern Sie (Click) und geben Ihrem Hund einen tollen Jackpot. Anschließend lassen Sie ihn auch noch zum Napf und er darf daraus fressen.

SCHRITT 2

Wiederholen Sie Schritt 1 solange, bis Ihr Hund von selbst vor dem Futternapf stehenbleibt und Blickkontakt anbietet. Sichern Sie alle Übungen mit der Leine ab, damit der Hund sich das Futter nicht alleine holen kann.
Sobald Ihr Hund Blickkontakt anbietet, verlangen Sie „Sitz", markern (Click) und lassen ihn aus dem Napf fressen.
Wenn der Hund selbstständig „Sitz" anbietet, verändern Sie die Belohnung. Im Napf ist nur noch etwas „Langweiliges", z. B. trockene Kekse, die Belohnung aus der Hand bleibt ein Highlight. Nun beginnen Sie mit der Generalisierung. Das bedeutet, dass der Hund das Verhalten an allen möglichen Orten mit allen möglichen unterschiedlichen Verlockungen zeigen kann – Napf weglassen, Orte wechseln, Futter wechseln etc. Sichern Sie diese Schritte weiterhin mit der Leine ab.

TRAININGSPLAN **MAULKORBGEWÖHNUNG**

SCHRITTE	WIE WIRD'S GEMACHT?	WO UND WIE OFT?	HILFE, ES KLAPPT NICHT!	LERNZIEL
01	Maulkorb zeigen, mit großen Keksen befüllen und dem Hund mittels Stimmungsübertragung „erklären", wie toll der Maulkorb ist. Riemen noch nicht schließen! Sobald der Hund die Nase aus dem Maulkorb zieht, nicht mehr loben!	Mehrmals wöchentlich oder täglich in ruhiger Umgebung.	Streichwurst oder Käsewürfel verwenden.	Der Hund steckt die Nase in den Maulkorb und frisst daraus.
02	Während der Hund aus dem Maulkorb frisst, Riemen am Kopf bewegen und schließlich irgendwann schließen. Dann Leckerchen durch den Maulkorb weiterfüttern.	Mehrmals wöchentlich, Maulkorb kurz angezogen lassen, weiterfüttern!	Öfter üben, besonders gute Leckerchen verwenden.	Der Hund trägt den Maulkorb 1 bis 2 Minuten.
03	Tragedauer langsam steigern, Leckerchengabe abbauen. Immer noch gilt: Nach dem Ausziehen nicht mehr loben!	So oft wiederholen, bis der Hund den Maulkorb problemlos trägt. Orte variieren und Zeitdauer steigern.	Siehe oben.	Der Hund trägt den Maulkorb auch längere Zeit.

SERVICE

— *Nützliches für Hundehalter*

HUNDEZENTRUM ASCHAFFENBURG
— *Training, Therapie, Tagesbetreuung*

HUNDESCHULE UND HUNDE-TAGESSTÄTTE

Eine Übersicht über unsere Kurse und das Betreuungsangebot in unserer Hundetagesstätte finden Sie auf unserer Homepage.
Wenn Sie ein Problem mit Ihrem Hund haben, können Sie sich gerne an uns wenden. Bitte bedenken Sie, dass wir keinerlei Ferndiagnosen stellen können und dies auch in höchstem Maße unseriös wäre. Sie können uns aber gerne in unserer Hundeschule besuchen. (Anfragen bitte per eMail oder mit frankiertem Rückumschlag – Herzlichen Dank!)
Sinnvolles und von uns getestetes Hundezubehör finden Sie in unserem Hundefachmarkt auf dem Gelände des Hundezentrums Aschaffenburg.

KONTAKT

Petra Führmann und Iris Franzke GbR
Im Hofgewann 10
63814 Mainaschaff
Tel.: 06021-20156
Fax: 06021-219194
info@hundeschule-ab.de
www.hundeschule-aschaffenburg.de

SIE MÖCHTEN HUNDETRAINER WERDEN ODER SICH FORTBILDEN?

Infos und Seminarangebote finden Sie unter:
www.hundetrainer-werden.de

Die Autorinnen Petra Führmann (links) und Iris Franzke (rechts) mit ihren Hunden.

ZUM WEITERLESEN

WEITERE BÜCHER DER AUTORINNEN AUS DEM KOSMOS-VERLAG

Die Kosmos Welpenschule. Mit DVD. 2012

Erziehungsspiele für Hunde. 2011

Das große Kosmos Spielebuch. 2012

Zwei Hunde – doppelte Freude. 2005

Erziehungsprobleme beim Hund. Verhaltensprobleme verstehen und lösen. 2004

Kleine Hunde – große Freunde. Haltung und Erziehung von zwei und mehr Hunden. 2008

Was liest der Hund am Laternenpfahl? 140 Fragen und Antworten rund um den Hund. 2014

Auf Hundepfoten durch die Jahrhunderte. Kulturgeschichten rund um den Hund. 2009

KOSMOS-BÜCHER, DIE SIE AUCH INTERESSIEREN KÖNNTEN

Hundesprache

Feddersen-Petersen, Dr. Dorit, Urd: **Ausdrucksverhalten beim Hund.** Mimik und Körpersprache, Kommunikation und Verständigung. 2008

Feddersen-Petersen, Dorit, Urd: **Hundepsychologie.** Sozialverhalten und Wesen, Emotionen und Individualität Mit 90 Minuten Hundefilmen auf DVD. 2013

Gansloßer, Udo, Kitchenham, Kate: **Beziehung – Erziehung – Bindung.** Forschung im Dienst des Mensch-Hund-Teams. 2015

Handelman, Barbara: **Hundeverhalten.** Mimik, Körpersprache und Verständigung, mit über 800 ausdrucksstarken Fotos. 2010

Kitchenham, Kate: **Wissen Hunde, dass sie Hunde sind?** Wie Hunde denken und fühlen. 2014

Hundeerziehung

Koring, Mel: **Clicker-Training für Hunde.** Erfolgreich erziehen mit dem 8-Wochen-Plan. 2015

Metz, Gabriele, Esther Schalke: **Hundeführerschein und Sachkundenachweis.** Mit Frage-Antwort-Katalog des VDH. 2012

Beschäftigung

Grunow, Alexandra, Langkau, Rovenna, Gansloßer, Udo: **Mantrailing.** 2011

Kitchenham, Kate: **Spielekiste für Hunde.** 5 Spielzeuge – 50 Spielideen. 2015

Klüglich-Hinrichs, Alina und Sibylle Ströbele: **Hundesachen einfach selber machen.** Die schönsten Ideen aus Stoff und Holz. 2015

Zvolsky, Norma: **Die Kosmos Retrieverschule.** Grunderziehung und Dummytraining. 2015

NÜTZLICHE ADRESSEN

Adressen der Rassezuchtvereine und Rasseclubs finden Sie auf der Homepage der nationalen Verbände, die Anschriften weiterer kynologischer Dachverbände über die FCI.

Verband für das Deutsche Hundewesen e. V. (VDH)
Westfalendamm 174
44141 Dortmund
Tel.: 0231-565000
www.vdh.de

Österreichischer Kynologenverband (ÖKV)
Siegfried Marcus-Str. 7
A-2362 Biedermannsdorf
Tel.: 0043-2236-710667
www.oekv.at

Schweizerische Kynologische Gesellschaft (SKG)
Geschäftsstelle
Brunnmattstr. 24
CH-3007 Bern
Tel.: 0041-31-3066262
www.skg.ch

Internationaler Dachverband
Fédération Cynologique Internationale FCI
www.fci.be

REGISTER

BILDNACHWEIS

213 Farbfotos wurden von Verena Scholze/Kosmos für dieses Buch aufgenommen.
Weitere Farbfotos von Anna Auerbach (5: S. 48, 152, 153, 178, 202), Anna Auerbach/Kosmos (14: S. 37u., 44o., 45u.li.: beide, 45re., 49, 65, 66, 67o., u., 74li.,re., 188, 189); Jutta Bauernschmitt/Kosmos (3: S. 50u.li., u.re. 51), Ulla Bergob (1: S. 8); Nora Brede (2: S. 166li., re.); Tatjana Drewka/Kosmos (4: S. 80, 81, 82, 120); Daniela Drews/Kosmos (2: S. 197, 198); Kathrin Jung/Kosmos (22: S. 26u.li., u.re., 27o.li., o.re., o. Mitte, 34o., 46o.li., u.li, u.re., 47, 70, 71o., u., 78, 79, 180, 181o., u., 186, 187li., re., 203re.); Alina Klüglich/Kosmos (1: S. 203o.li.); Anja Möller (1: S. 34u.); Patrick Ohligschläger (1: S. 7); Heike Schmidt-Röger/Kosmos (10: S. 84, 85, 185, 199o.re.,u.re., 203u., 206o., u., 207o., u.); Sabine Stuewer/Kosmos (15: S. 35u., 37o., 38o.li., u.li., Mitte, 39re, 40, 41u., 114, 119li., re., 14o.li., re., 142li., re.)

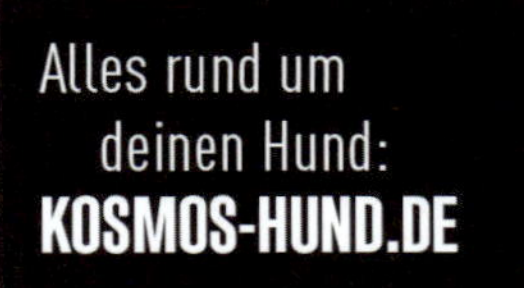

IMPRESSUM

Umschlaggestaltung von Peter Schmidt Group GmbH, Hamburg unter Verwendung von Farbfotos von Alina Klüglich (U1) und Verena Scholze/Kosmos (U4).

Mit 294 Farbfotos

Alle Angaben in diesem Buch erfolgen nach bestem Wissen und Gewissen. Sorgfalt bei der Umsetzung ist indes dennoch geboten. Der Verlag und die Autorinnen übernehmen keinerlei Haftung für Personen-, Sach- oder Vermögensschäden, die aus der Anwendung der vorgestellten Materialien, Methoden oder Informationen entstehen könnten.

Unser gesamtes Programm finden Sie unter **kosmos.de.**
Über Neuigkeiten informieren Sie regelmäßig unsere Newsletter, einfach anmelden unter **kosmos.de/newsletter**

Gedruckt auf chlorfrei gebleichtem Papier

ISBN 978-3-440-13412-2
Redaktion: Ute-Kristin Schmalfuß
Gestaltungskonzept: Gestaltungskonzept: Peter Schmidt Group GmbH, Hamburg
Gestaltung und Satz: Atelier Krohmer, Dettingen/Erms
Produktion: Eva Schmidt
Druck und Bindung: Print Consult GmbH, München
Printed in Germany